JN194792

最初からそう教えてくれればいいのに！

図解！ Excel VBAのツボとコツがゼッタイにわかる本「プログラミング実践編」

立山 秀利 著

秀和システム

ダウンロードファイルについて

本書での学習を始める前にサンプルファイル一式を、秀和システムのホームページから本書のサポートページへ移動し、ダウンロードしておいてください。ダウンロードファイルの内容は同梱の「はじめにお読みください.txt」に記載しております。

秀和システムのホームページ

ホームページから本書のサポートページへ移動して、ダウンロードしてください。

URL　https://www.shuwasystem.co.jp/

はじめに

多くの仕事で現場にて、日常業務に欠かせないソフトである Excel。定型文書の作成、大量のセルやワークシートのコピーや加工などの作業を人の手で行い、多くの手間と時間を費やしていませんか？　頻発するミスに悩まされていませんか？　そこで、ぜひ利用したい機能が「マクロ」です。あらゆる作業を自動化でき、手間と時間、ミスもほぼゼロにできます。

仕事に役立つマクロの作成には、「VBA」(Visual Basic for Applications）という言語によるプログラミングが求められます。本書はExcelのVBA（以下Excel VBA）の実践的なプログラミングを学ぶ本です。2018年3月刊行の拙著『図解！　Excel VBAのツボとコツがゼッタイにわかる本　“超"入門編』(以下、前著）の続編であり、前著より一歩進んだフクザツな機能のマクロを作れるようになるための本です。入門を果たした方が次のステップとして学んでほしい内容が詰まっています。

手前味噌で大変恐縮ですが、拙著『Excel VBAのプログラミングのツボとコツがゼッタイにわかる本』(秀和システム)、『入門者のExcel VBA』(講談社のブルーバックス）は、おかげさまで累計12万名以上もの多くの方々にお読みいただき、ご好評をいただきました。また、Excel VBAセミナーで、多くの初心者の方々を直接お教えしてきました。

本書は前著と同じく、筆者の長年の経験をもとに、初心者は何がどうわからないのか、どうやったら理解できるのかをより突き詰めた結晶を書籍化しました。Excel VBAの入門を果たした方が挫折することなく短期間で、フクザツなプログラムを作れる力を身に付けられる一冊です。前著同様に、ほぼ2～3ページごとに図解や操作画面が入っており、学習の流れも、1つのサンプルを1冊かけて順に作り上げていくなかで、随時プログラムを書いて動かします。そのため、飽きることなくサクサク読み進められ、無理なく理解できるでしょう。

本書は加えて、言語の文法やルールといった"知識"よりも、"ノウハウ"を前著同様に重視しています。ノウハウは、見本がないオリジナルのプログラムを自力で作れるようになるために不可欠です。本書はノウハウを体感しつつしっかりと学ぶことで、自力で作れる力を着実に身につけられます。このようにExcel VBAのより実践的なツボとコツを学べ、実践力をアップできる一冊となっています。

それでは、フクザツな機能のマクロを作れるよう、Excel VBAの実践的なプログラミングを学んでいきましょう。

立山　秀利

Chapter 01 Excelで一歩進んだ自動化をしよう

Chapter 02 フクザツな処理にはこの仕組みが必要

Chapter 03 フクザツな処理のプログラムを作るツボとコツ

Chapter 04

指定した顧客の予約データなら1件転記する処理まで作ろう

Chapter 05 繰り返しと変数のキホンを学ぼう

Chapter 06 予約データの表のセルを行方向に順に処理しよう

Chapter 07 予約データを転記する処理を完成させよう

Chapter 08
機能はそのままにコードを改善しよう

Chapter 09

さらに知っておきたいVBAの知恵や仕組み

Excelで一歩進んだ自動化をしよう

Chapter 01

Excelのメンドウな作業をマクロで自動化！

マクロを使えば仕事の効率と正確さを大幅アップできる！

仕事でExcelを毎日のように使う人は多いでしょう。データの抽出や転記（コピー）などのさまざまな作業を、大量のセルやワークシートに対して行ったり、ルーチンワークとして何度も行ったりする場合、いちいち手作業で行っていては、膨大な手間と時間を要するもの。そのうえ、うっかりミスの恐れも常につきまといます。

そのような問題を解決してくれる機能がマクロです。Excelのあらゆる操作や処理を自動化する機能です。マクロを使えば、人の手で行っていたメンドウな作業が、Excel自身が自動で行ってくれるようになります。そのため、今まで毎回費やしていた多くの手間も時間も実質ゼロになり、ミスもなくせます。

このようにマクロは仕事の効率と正確さを劇的にアップできます。「働き方改革」にも直結すること間違いなしなので、どんどん活用しましょう！

マクロで自動化して手間や時間、ミスを劇的に減らそう！

手作業だと時間も手間もかかる
ミスも犯しがち……

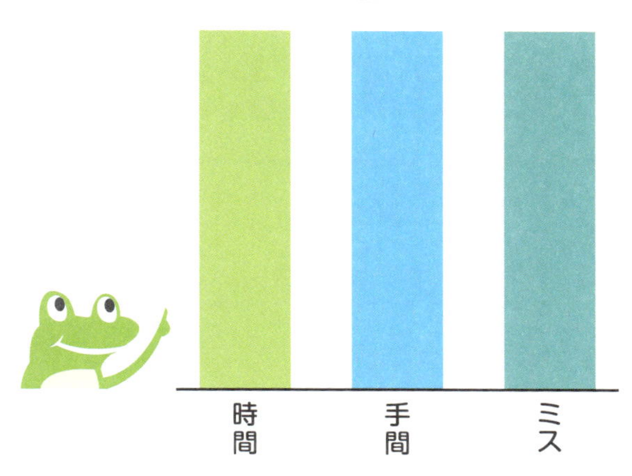

マクロで
自動化!

自動化で効率と正確さを
劇的にアップ!

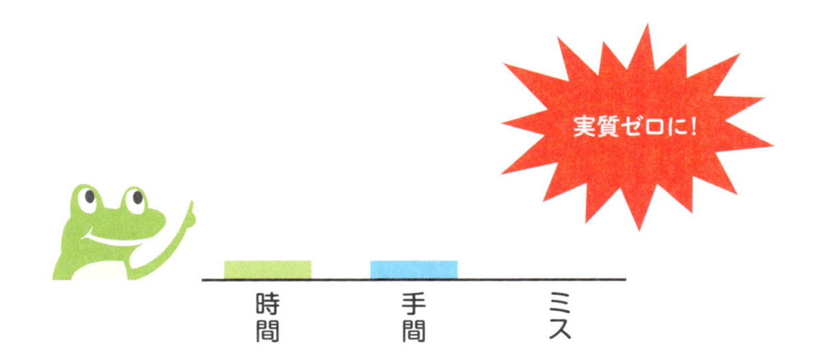

Chapter 01

マクロとVBAの関係をおさらいしよう

 マクロの正体は“命令文”の集まり

マクロの正体は、Excelに自動で実行して欲しい操作や処理を記した“**命令文**”の集まりです。命令文は人間向けの言葉ではなく、Excelにわかる言葉で書く必要があります。そのための専用の言葉が、プログラミング言語の「**VBA**」(**Visual Basic for Applications**)です。

マクロの作り方は大きく分けて、「**マクロの記録**」機能を使う方法と、**自分でVBAを記述する**方法の2通りがあります。マクロの記録では、VBAの命令文を自動で生成してくれます。いずれの方法もできあがるものはVBAの命令文の集まりであり、違いは自動で生成されるか、自分で記述するかです。

マクロの記録機能なら簡単にマクロを作成できるのですが、残念ながら単純な機能のマクロしか作れません。日々の仕事で役立つようなマクロにはたいてい、フクザツな機能が求められます。そのようなマクロを作るには、自分でVBAを記述してプログラミングする必要があるのです。

仕事に役立つマクロはプログラミングで作る

マクロの作り方1つ目　「マクロの記録」機能

実際に操作して記録する
だけだから簡単！

VBAの命令文が
自動生成される

マクロ

VBAの命令文

単純な
機能のみ

マクロの作り方2つ目　VBAのプログラミング

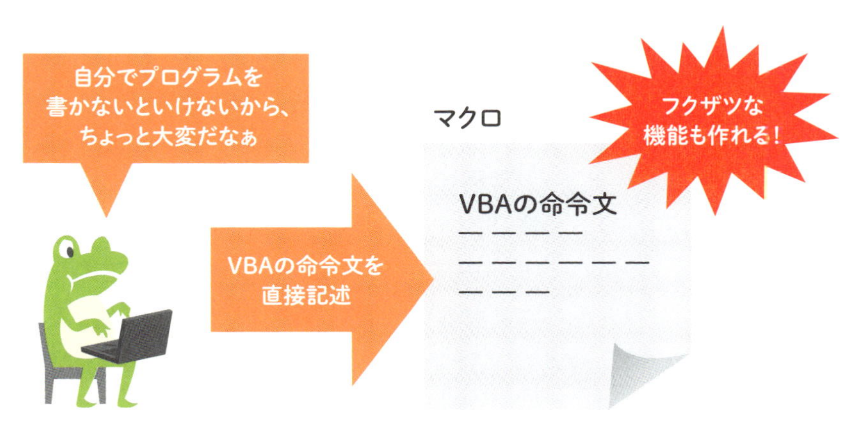

Chapter 01

本書で前提とするVBAの知識

これだけの基礎を押さえておこう！　ただし暗記は不要

本書は前作『図解！　Excel VBAのツボとコツがゼッタイにわかる本　“超”入門編』の続編です。同書で作成したマクロよりもフクザツな機能を備えるなど、一歩進んだより高度なマクロを自力でプログラミングして作れるようになるため、これから学んでいきます。

その解説は同書で解説したVBAの知識を前提としています。具体的には右図の知識です。主にVBAの基本的な文法・ルールです。もし、これらを忘れていたら、同書もしくは他の書籍やWebサイトで改めて習得しておいてください（主要なものは本章と次章末のコラムで簡単に紹介します）。習得のレベルは「本やWebを見ながらなら、何とかプログラムを書ける」で十分です。無理に暗記する必要はまったくありません。これらの知識は本やWebを見れば済むものばかりなので、堂々と見ればよいのです。

Chapter03以降、新たな文法やルールがいくつも登場しますが、暗記は一切不要です。VBAの学習では細かい文法やルールを暗記することよりも、目的のプログラムをどのように組み立てていくのか、それぞれの文法やルールをどのようなシーンでどう使うのかなど、実践的な内容を体感しつつ習得することの方がはるかに大切なので、そちらに重きを置いてください。

本書の学習に必要なVBAの知識

VBAの基本的な文法・ルール

・Subプロシージャ
・オブジェクト
　　セルのRangeやワークシートのWorksheetsの基本的な使い方
　　セル範囲の指定方法
　　オブジェクトの親子関係
・プロパティ
　　プロパティの基本的な使い方
・メソッド
　　メソッドの基本的な使い方
　　メソッドの引数の使い方
・文字列の記述方法（「"」で囲む）
・代入
・TrueとFalseの意味と使い方
・メッセージボックス（MsgBox関数）の基本的な使い方
・コードを途中で改行する方法（「 _」）
・コンパイルエラーと実行時エラーの意味と対処方法

VBEやExcelの使い方

・VBEの起動方法
・標準モジュールのModule1の挿入方法
・プロジェクトエクスプローラーとコードウィンドウの役割と基本的な使い方
・Subプロシージャの実行方法
　　「マクロ」画面から実行する方法
　　図形にマクロとして登録する方法
・マクロ有効ブックとして保存する方法

VBAの基本的な文法・ルール

■Subプロシージャ

書式

```
Sub プロシージャ名()
  処理
End Sub
```

処理のコードは通常、インデントして記述します。

■セルのオブジェクト

書式

```
Range(セル番地)
```

セル番地を文字列で指定します。文字列は「"」で囲って記述します。

例：A4セル

```
Range("A4")
```

■ワークシートのオブジェクト

書式

```
Worksheets(名前または連番)
```

ワークシート名を文字列として指定、または先頭（左側）から数えて何番目かの連番を数値として指定します。

例：ワークシート「売上」

```
Worksheets("売上")
```

例：2番目のワークシート

```
Worksheets(2)
```

■オブジェクトの親子関係

書式

親オブジェクト.子オブジェクト

例：ワークシート「売上」のA4セル

```
Worksheets("売上").Range("A4")
```

■プロパティの基本的な使い方

・プロパティを取得

書式

オブジェクト.プロパティ

例：A4セルの値を取得（セルの値はValueプロパティ）

```
Range("A4").Value
```

・プロパティに値を設定

代入演算子「=」によって、目的の値を代入します。

書式

オブジェクト.プロパティ = 値

例：A4セルの値に5を設定

```
Range("A4").Value = 5
```

■メソッドの基本的な使い方

・メソッドの実行

書式

```
オブジェクト.メソッド
```

例：A4セルの値を削除

```
Range("A4").ClearContents
```

・メソッドの引数

メソッド名の後に半角スペースを挟み、「引数名:=設定値」を記述します。

書式

```
オブジェクト.メソッド 引数名:=設定値
```

例：「形式を選択して貼り付け」によって、A4セルに値のみ貼り付ける

```
Range("A4").PasteSpecial Paste:=xlPasteValues
```

形式を選択して貼り付けはPasteSpecialメソッドで行います。貼り付けの形式は引数「Paste」で設定します。値のみ貼り付けるには、定数「xlPasteValues」を指定します。

引数を複数設定する場合は「引数名:=設定値」のセットを「,」(カンマ)で区切って並べます。また、メソッドの戻り値を使う場合は、「引数名:=設定値」をカッコで囲って記述する必要があります。なお、引数名を使わない書式もありますが、割愛させていただきます。

■コードを途中で改行する方法

半角スペースと「_」(アンダースコアまたはアンダーバー)を組み合わせた「 _」によって改行します。「_」は通常、Shift+\キーで入力できます。

フクザツな処理には この仕組みが必要

Chapter 02

命令文を「上から並べて書く」の限界

フクザツな処理は「上から並べて書く」以外も必要

マクロをVBAのプログラミングによって作成するには、目的の操作や処理を自動で実行できるよう、どのような命令文をどう組み合わせ、どう記述すればよいのか、処理手順を考える必要があります。

処理手順のキホンは、命令文を「**上から並べて書く**」です。手作業で行う操作をそのまま処理手順として、ひとつひとつの処理手順をVBAの命令文に置き換えていきます。そのように記述したプログラムを実行すると、命令文が上から順に実行されていくことで、目的の操作や処理を自動化できます。これがVBAのプログラミングの大原則です。

この「上から並べて書く」は、ある程度以上フクザツな機能のための処理を作ろうとすると、対応できなくなります。たとえば右図のような処理です。この場合、顧客を入力するD2セルが空かどうかで、異なる命令文を実行する必要があるのですが、そのようなフクザツな処理は「上から並べて書く」だけでは作成できません。

他にも、大量のセルやワークシートを処理したい場合、「上から並べて書く」だけでもできないことはないのですが、大量の命令文を書かねばならず、実質無理と言えます。これらのような処理を作るには、**「上から並べて書く」以外の処理手順も必要**となります。

「もし○○なら～」は「上から並べて書く」だけではできない

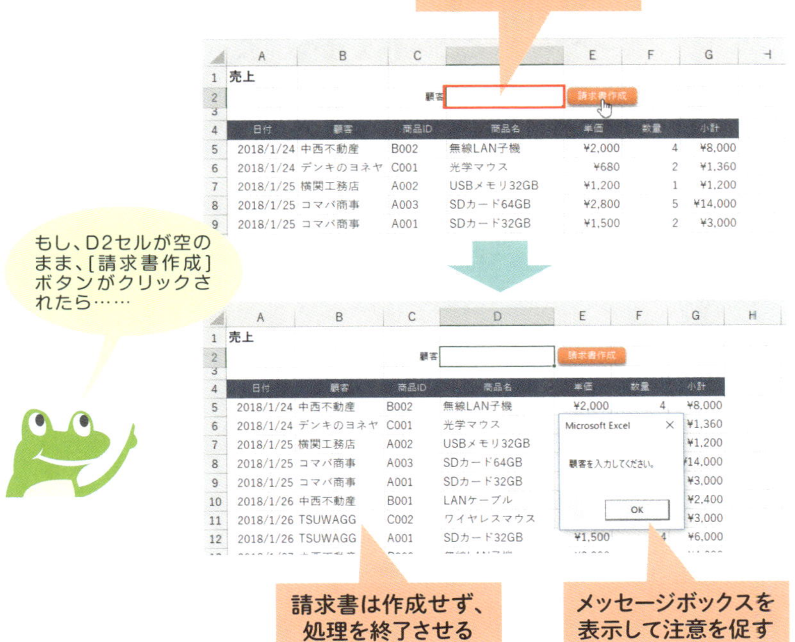

	A	B	C	D	E	F	G
4	日付	顧客	商品ID	商品名	単価	数量	小計
5	2018/1/24	中西不動産	B002	無線LAN子機	¥2,000	4	¥8,000
6	2018/1/24	デンキのヨネヤ	C001	光学マウス	¥680	2	¥1,360
7	2018/1/25	横関工務店	A002	USBメモリ32GB	¥1,200	1	¥1,200
8	2018/1/25	コマバ商事	A003	SDカード64GB	¥2,800	5	¥14,000
9	2018/1/25	コマバ商事	A001	SDカード32GB	¥1,500	2	¥3,000
10	2018/1/26	中西不動産	B001	LANケーブル			¥2,400
11	2018/1/26	TSUWAGG	C002	ワイヤレスマウス			¥3,000
12	2018/1/26	TSUWAGG	A001	SDカード32GB	¥1,500	4	¥6,000

フクザツな処理は「上から並べて書く」以外も必要

Chapter 02

フクザツな処理に不可欠な「分かれる」

「もし○○なら～」の仕組みは「分岐」で作る

前節で述べたように、ある程度以上フクザツな処理のマクロを作るには、「上から並べて書く」以外の処理手順も欠かせません。そのためのVBAの仕組みは大きく分けて3つあります。

1つ目は「**分かれる**」です。途中で分かれる処理の流れになります。もう少し具体的に表すと、指定した条件が成立する場合と成立しない場合それぞれに応じて、異なる処理を実行できる仕組みです。たとえば前節で例に挙げたように、指定したセルが空かどうかで、異なる処理を実行できます。他にも、条件が成立した場合のみ指定した処理を実行することも可能です。このような「分かれる」という仕組みは、専門用語で「**分岐**」と呼びます。

VBAには、分岐のための専用のステートメントが何種類か用意されています。具体的な使い方などはChapter04以降で解説しますが、イメージとしては、どのような条件で分かれるのか、および、成立する場合と成立しない場合でそれぞれどのような処理を実行するのかを指定するコードを記述します。その結果、分岐のステートメントは複数行の命令文で構成されることになります。

なお、「上から並べて書く」は命令文が上から順に実行されるという処理の流れであり、専門用語で「**順次**」と呼ぶ仕組みになります。

処理が途中で分かれる「分岐」

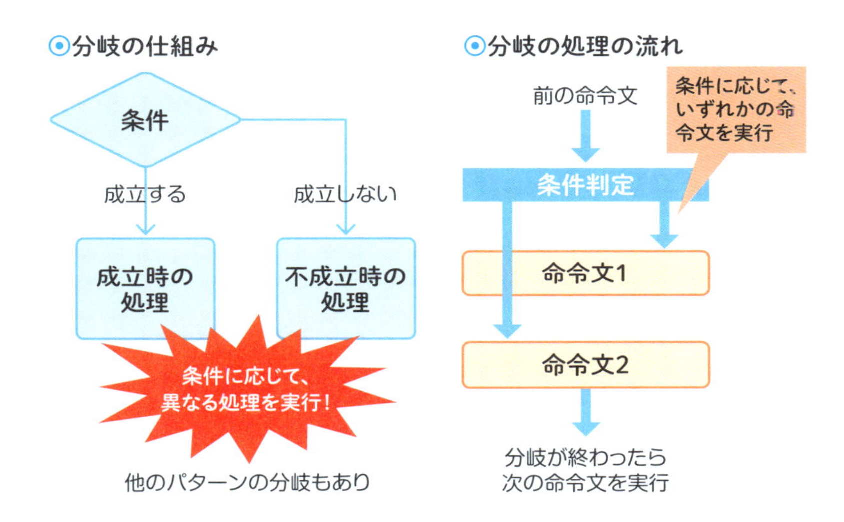

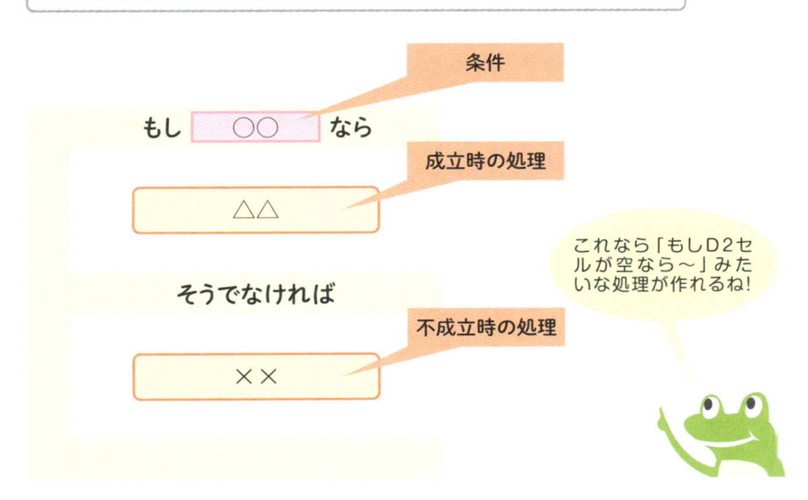

Chapter 02

大量の処理は「繰り返す」を使うと格段にベンリ

何回実行しようと、同じ命令文を書くのは1個だけ

2つ目の仕組みは「**繰り返す**」です。指定した処理を指定した回数だけ繰り返すという処理の流れになります。専門用語で「**繰り返し**」や「**反復**」や「**ループ**」と呼ばれます。本書では「繰り返し」と呼ぶとします。

たとえば、ワークシート「Sheet1」を10枚コピーするマクロを作りたいと仮定します。もし、繰り返しを使わなければ、ワークシート「Sheet1」をコピーする命令文を10個並べて書かなければなりません。これはこれで目的の結果が得られるのですが、10個も書くのは大変です。ましてや、コピーしたい枚数が100枚に増えたら、命令文を100個も書くのは、［コピー］&［貼り付け］機能を駆使しても、非常に無理があるでしょう。

繰り返しの仕組みを使えば、ワークシート「Sheet1」をコピーする命令文そのものは、書く数は1個だけで済みます。あとは「10回繰り返せ」と指定するだけです。そういった繰り返し用のステートメントが用意されています。ワークシートを何枚コピーしようが3行程度のプログラムで済み、記述が飛躍的にラクになります。

また、繰り返しの仕組みを使うと、セルを行方向に移動しながら順番に処理するなど、より高度な処理も作れるようになります。繰り返しについては詳しくはChapter06以降で解説します。

処理を繰り返す「繰り返し」

◉繰り返しの仕組み

命令文

命令文を
繰り返し実行！

◉繰り返しの処理の流れ

前の命令文

～回戻る

命令文

指定した命令文を
～回繰り返し実行

繰り返しが終わったら
次の命令文を実行

◉繰り返しのステートメントのイメージ

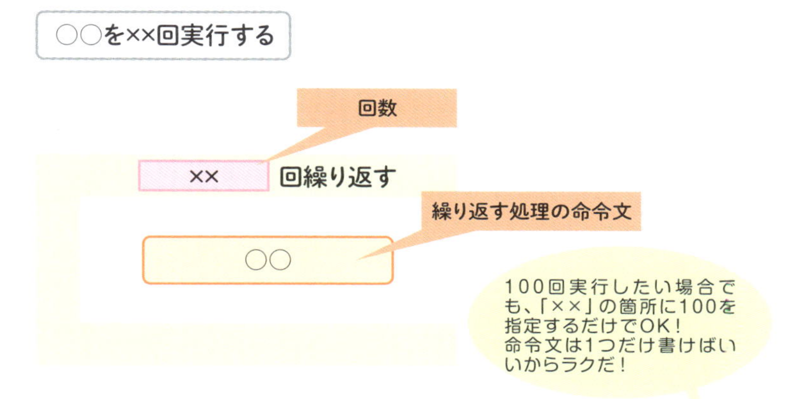

Chapter 02

「データを入れる“ハコ”」でグンと広がる処理の幅

“ハコ”でデータを自在に扱いフクザツな処理を作る

3つ目の仕組みは「**変数**」です。1つ目の分岐と2つ目の繰り返しはいずれも処理の流れを制御する仕組みでした。この変数は処理の流れではなく、データを扱う仕組みとなります。

変数はひとことで言えば、「データを入れる“ハコ”」です。一連の処理の流れの中で、数値や文字列などのデータを“ハコ”に入れ、値を増減させるなど、“ハコ”の中身を途中で変更しつつ処理に用います。たとえば、セルの転記先の行番号を変数で処理するようにすれば、「5行おきに転記する」といった複雑な転記が可能になります。具体的なプログラムはChapter06以降で解説します。

変数は初心者にとって少々難しく、実際に使ってみないとなかなかピンとこない仕組みです。具体的な使い方はChapter05以降で順に詳しく解説していきますので、ここではデータを入れる“ハコ”というイメージのみ把握できていれば大丈夫です。変数は使いこなせるようになれば、作ることができる機能の幅がグッと広がるので、がんばって習得しましょう。

データを入れる“ハコ”である「変数」

◉変数の概念

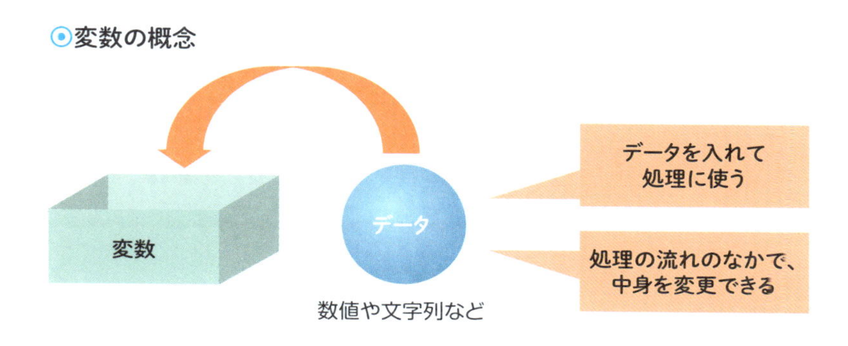

◉変数の使い方のイメージ

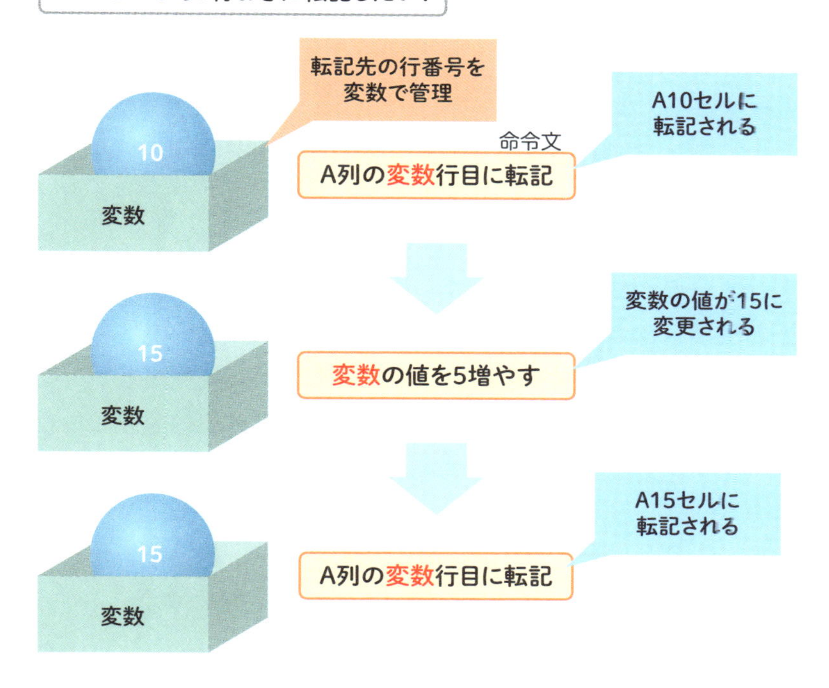

Chapter 02

4つの仕組みをいかに組み合わせるかがプログラミングのツボ

フクザツな処理は4つの仕組みの組み合わせで作る！

本章でここまで解説した分岐と繰り返しと変数を使うと、順次＝命令文を「上から並べて書く」だけでは不可能なフクザツな処理を作れるようになります。命令文を上から順に実行するだけでなく、分岐によって途中で分かれたり、繰り返しによって繰り返し実行したりします。そのような処理の流れの中に、変数を交えていきます。

これら**順次と分岐、繰り返し、変数を適宜組み合わせる**ことで、目的の機能を備えたマクロのプログラムを作ることが、VBAのプログラミングのツボなのです。とはいえ、どの仕組みをどう組み合わせればよいのかは、初心者にはなかなかすぐに考えつかないものです。本書では次章からChapter08にかけて、ある1つのサンプルをゼロの状態から作ります。組み合わせの典型例が登場するサンプルであり、作成のなかで、組み合わせの考え方や具体的な方法などを解説します。初心者がこのツボを体得するための格好の学習となるでしょう。

また、分岐、繰り返し、変数のコードを実際に記述するための文法・ルールも、Chapter04以降で順次解説していきます。

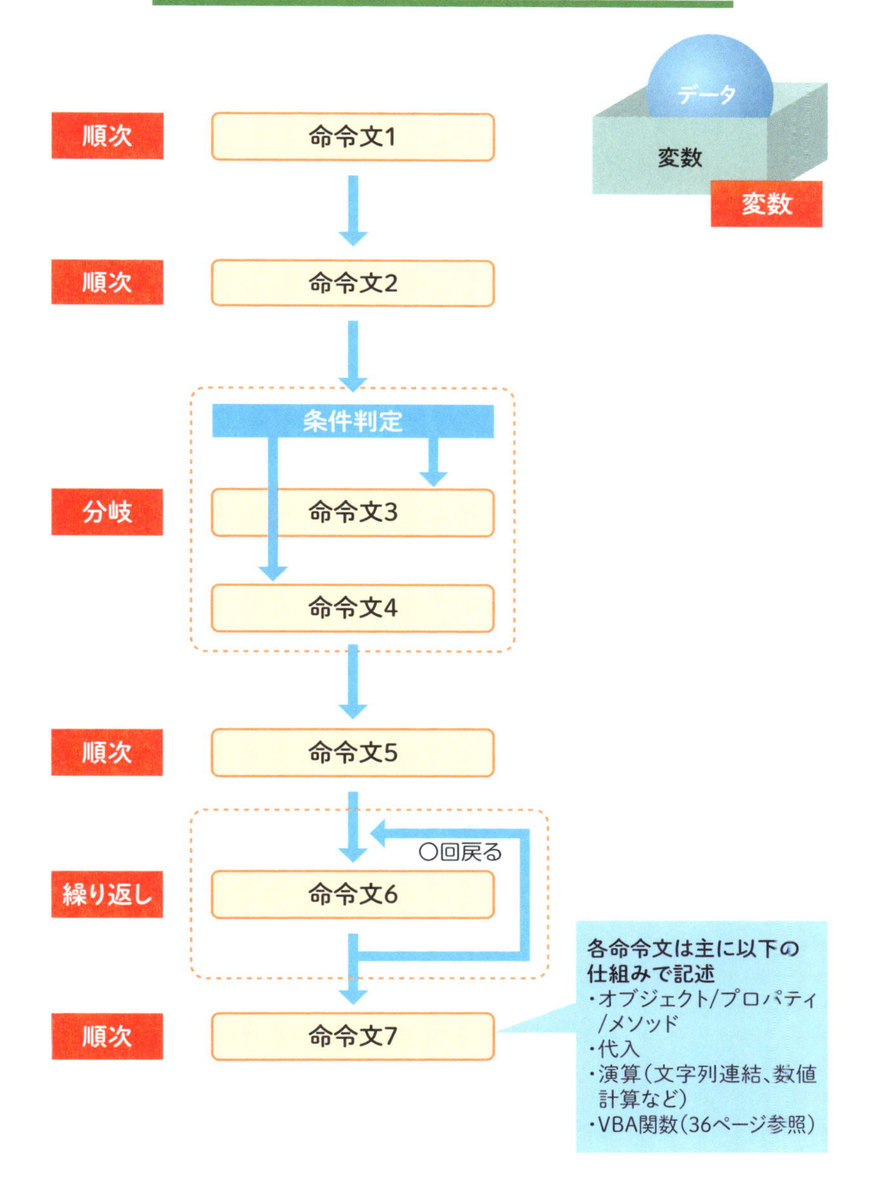
順次と分岐と繰り返しと変数を適宜組み合わせる
データ
変数
変数
順次
命令文1
順次
命令文2
条件判定
分岐
命令文3
命令文4
順次
命令文5
○回戻る
繰り返し
命令文6
順次
命令文7
各命令文は主に以下の仕組みで記述
・オブジェクト/プロパティ/メソッド
・代入
・演算（文字列連結、数値計算など）
・VBA関数（36ページ参照）

\Column/

VBA関数

Excelで関数といえば、SUM関数やVLOOKUP関数などを思い浮かべるでしょう。VBA関数は“関数のVBA版”というイメージです。複雑な処理でも、VBA関数を1つ書くだけでできてしまいます。SUM関数などはセルの中などワークシート上に記述しますが、VBA関数はVBE上にてSubプロシージャの中に記述して使うことになります。VBA関数にはさまざまな種類がありますが、次の図の4つのカテゴリが中心です。

VBA関数

材料  VBA関数  結果

こんなVBA関数がある!

●**数値処理**
- 整数部分だけ取り出す
- 指定した桁で切り下げる etc.

●**文字列処理**
- 置換する
- ひらがなをカタカナに変換する etc.

●**日付・時刻処理**
- 2つの日付の間隔を求める
- 現在の時刻を取得する etc.

●**その他**
- メッセージボックスを表示する etc.

フクザツな処理のプログラムを作るツボとコツ

Chapter 03

フクザツな処理も「段階的に作り上げる」がキホン

自力でプログラムを作るために必要なノウハウ

VBAのプログラミングでは、文法やルールといった"知識"とともに"ノウハウ"も非常に大切です。ノウハウとは大まかに言えば、知識の使い方です。順次と分岐、繰り返し、変数、および各種オブジェクト／プロパティ／メソッドやステートメントなどを適宜組み合わせ、目的のプログラムを完成する知恵になります。ノウハウがなく知識だけでは、初心者は見本がないオリジナルのマクロのプログラムをゼロの状態から自力で作ることはまずできません。

ノウハウは何種類かありますが、最も重要なのが「**段階的に作り上げる**」です。プログラミングでは目的の機能を作るために、たいていは複数の命令文を書くことになります。そうやって作ったプログラムが意図通りの実行結果が得られるか、必ず実際に実行して動作確認します。その際、複数の命令文を一気にすべて書いてから、まとめて動作確認したくなるものです。

段階的に作り上げるノウハウでは、命令文を1つ書いたら、その場で動作確認します。複数の命令文をすべて書いてから、まとめて動作確認するのではなく、1つ書くたびに動作確認する点が大きなポイントです。意図通りの実行結果が得られたら、次の命令文を1つ追加で書き、同様に動作確認します。以降、それを繰り返していきます。

命令文を１つ書くたびに動作確認

たとえば、計3つの命令文からなるプログラムを作るなら・・・

もし動作確認して意図通りの実行結果が得られなければ、命令文を必ずその場で修正します。命令文の中から誤り箇所を見つけて、修正したら再び動作確認を行い、意図通り動作することを確認してから、次の命令文を書きます。

修正後に再び動作確認を行った結果、もし意図通りの動作結果が再び得られなければ、修正内容が誤っていたことになるので、修正しなおします。意図通りの動作結果が得られるまで修正と動作確認を繰り返します。必ず修正が完了してから、次の命令文を記述します。言い換えると、1つの命令文が意図通り動作するまでは、次の命令文には進まないようにします。この点も大きなポイントです。

このように階段を1段ずつ登るがごとく、命令文を1つずつ記述して動作確認し、必要に応じて修正することの繰り返しによって、プログラムを作り上げていくノウハウになります。

前ページの図と右図はいずれも、命令文が上から並んだだけの処理手順ですが、そういった「上から並べて書く」の順次だけの単純なプログラムですら、初心者が自力で完成させるには同ノウハウが必要です。ましてや分岐や繰り返し、変数を用いたフクザツな処理のプログラムなら、同ノウハウを活用しなければ、十中八九自力で完成させられないでしょう。それほど重要なノウハウなのです。なぜ重要なのかは、次節で改めて解説します。

誤りを必ずその場で修正する

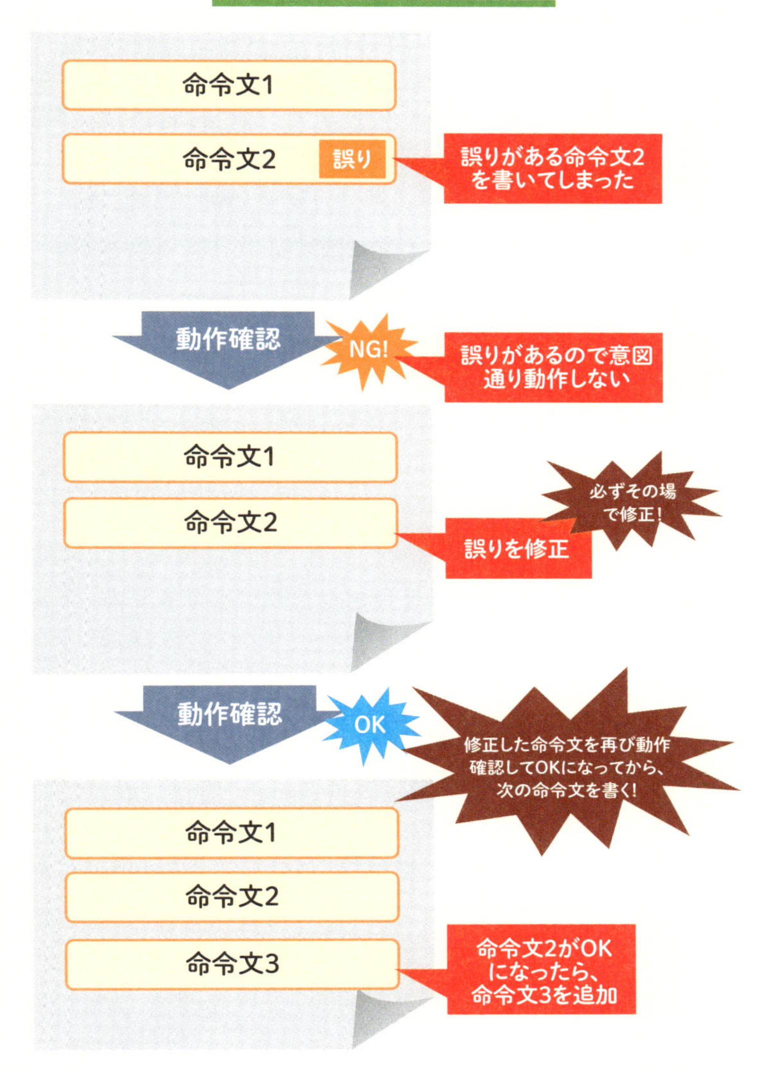

Chapter 03

なぜ段階的に作り上げるノウハウが大切なの？

誤りを自力で発見しやすくできる

段階的に作り上げるノウハウが大切なのは、見本がないオリジナルのプログラムを自力で完成させるために必要だからです。

一般的によほどのベテランか天才でもない限り、正しいプログラムを一発で記述できないものです。自力で完成させるには、誤りの箇所を自力で見つけ、自力で修正できなければなりません。しかし、初心者は誤りを発見すらできず、途方にくれてしまいがちです。見本があれば容易に発見できますが、オリジナルのプログラムだと見本がないので発見は困難でしょう。

本ノウハウは誤りを発見しやすくします。その理由を3つの命令文からなるプログラムを例に解説します。3つ目の命令文に誤りがあるプログラムを書いたが、書いた本人は気づいていないと仮定します。

まず本ノウハウを用いないケースです（右図）。3つの命令文すべてをまとめて記述し、まとめて動作確認したとします。誤りが含まれているので当然、意図通り動作しません。その場合、誤りを探す範囲は3つの命令文すべてです。たった3つとはいえ、複数ある命令文から誤りを発見することは、実は初心者には難しいのです。命令文の数が増えるほど難しさは指数関数的に増します。

3つの命令文から誤りを探すのは難しい
3つ
まとめて
記述
命令文1
命令文2
命令文3
誤り
誤りを探す
命令文は3つ
もある
3つまとめて
動作確認
NG!
どの命令文が誤って
いるんだろ?
見つけられないや・・・

誤りを探す範囲を絞り込むのがポイント！

次は段階的に作り上げるノウハウを用いたケースです。右図の通り、誤りを探すべき範囲を、最後に書いた3つ目の命令文の1つだけに絞り込めます。なぜなら、1つ目と2つ目の命令文は動作確認済みであり、誤りがないことは既にわかっているので、誤りがあるとしたら3つ目の命令文の中だけだとわかるからです。複数ある命令文の中から誤りを探すのは初心者にとって困難ですが、1つの命令文の中だけなら、より容易に発見できるでしょう。

このように、誤りを探すべき範囲を最後に記述した命令文の1つだけに絞り込むことで、誤りを発見しやすくするのが本ノウハウのポイントです。見本がないオリジナルのプログラムを初心者が自力で完成させるための大きな助けになるコツなのです。

1つの命令文だけなら誤りを探しやすい

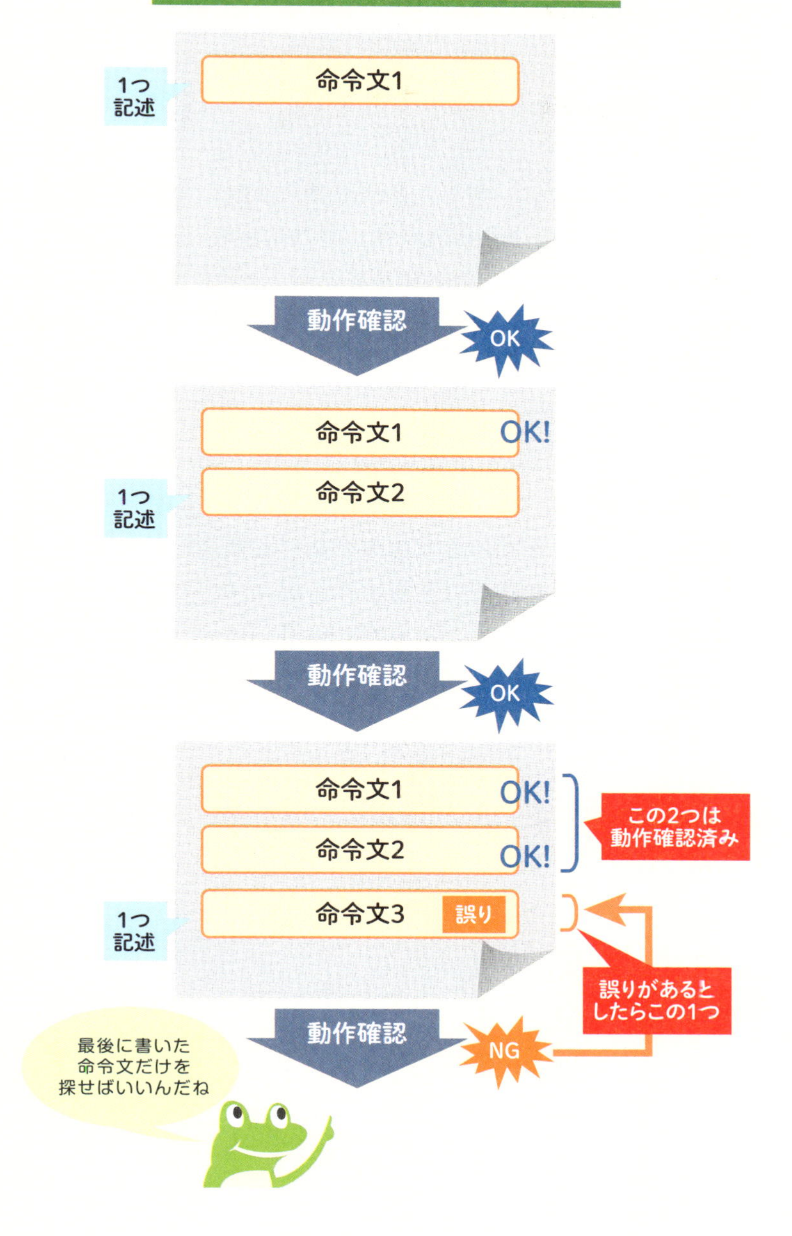

誤りが複数同時にあると…

しかも、本ノウハウを用いないと、同時に複数の命令文に誤りがある場合、発見はもっと困難になります。さらには修正にも悪影響が出ます。

その理由が右図です。同じく3つの命令文からなるプログラムを例に解説します。3つまとめて記述した命令文のうち、1つ目と3つ目に誤りがあるとします。動作確認後、1つ目の命令文の誤りは発見して修正できたが、3つ目の命令文の誤りは見逃したままと仮定します。再び動作確認すると当然、3つ目の命令文の誤りが残っているので意図通り動作しません。

プログラマーにしてみれば、1つ目の命令文の誤りをちゃんと発見して修正したはずなのに、再び意図通り動作しない原因は、修正に失敗していたのか、それとも他の命令文にも誤りがあるのを見逃していたのか、わからなくなってしまうものです。初心者なら、その時点でアタマが混乱して前に進めなくなり、完成できずに終わってしまうでしょう。そういった事態に陥らないために、段階的に作り上げるノウハウを忘れずに用いてください。

本ノウハウは実際に体験しないとピンと来ないことも多いので、Chapter04以降の本書サンプル作成のなかで体験していただきます。また、誤りの発見・修正については、Chapter09-04で改めてさらに詳しく解説します。

修正失敗？　それとも他に誤りがある？

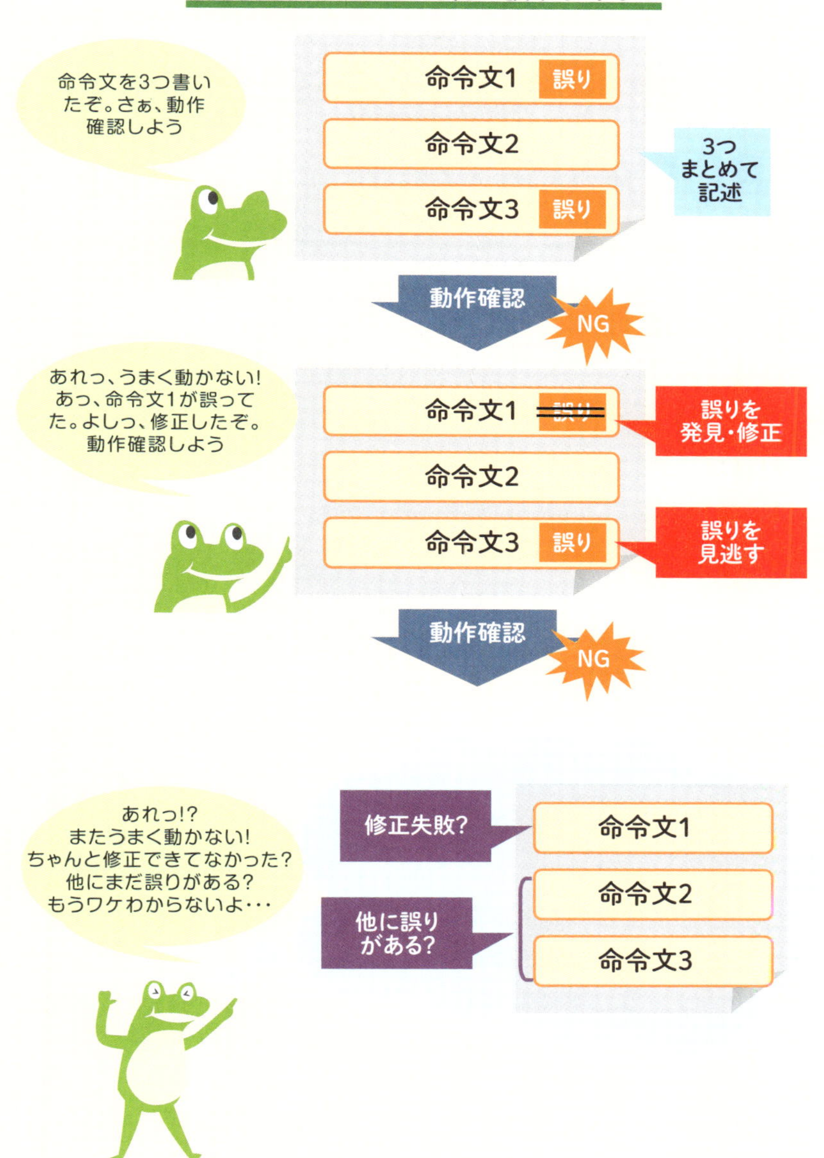

Chapter 03

段階的な作成は命令文ごとのPDCAサイクルの積み重ね

命令文ごとにPDCAサイクルを回す

VBAに限らず、プログラミングの作業の流れは、**PDCAサイクル**と言えます。処理手順を考え（**Plan**）、その命令文のコードを記述し（**Do**）、動作確認（**Check**）します。動作確認の結果、意図通りの実行結果が得られたら、この時点でサイクルはおしまいです。次の命令文へ進みます。

もし、意図通りの実行結果が得られなければ、誤りの箇所を探して発見します（**Action**）。そして、誤りの内容に応じて処理手順を考え直し（Planに戻る）、コードを修正して（Do）、動作確認（Check）します。再び意図通りの実行結果が得られなければ、得られるまで同様のサイクルを繰り返します。

段階的に作り上げるノウハウでは、このPDCAサイクルを命令文1つずつで回している点が大きなコツです。1つの命令文のPDCAサイクルを回し終えたら、次の命令文に進みます。1つの命令文ごとの小さなPDCAサイクルを積み重ねていくことで、複数の命令文で構成されるプログラムを段階的に作っていきます。

小さなPDCAサイクルを積み重ねていく

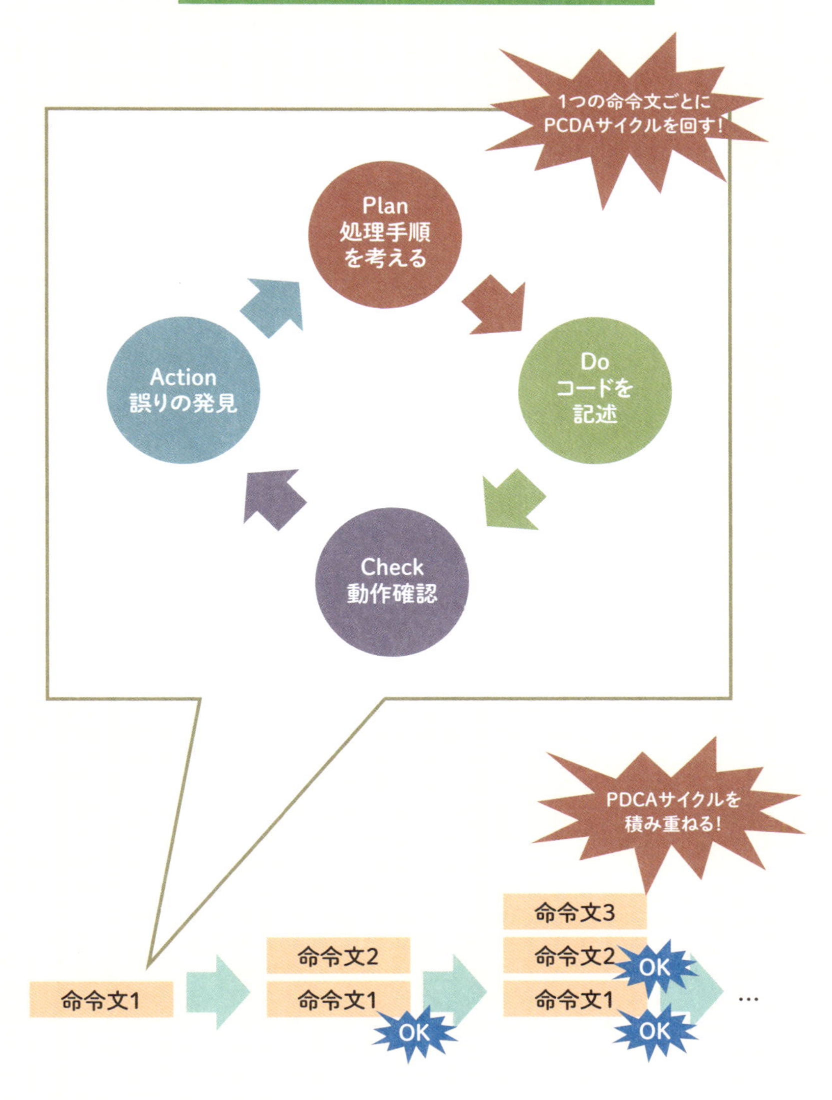

1つの大きなPDCAサイクルを回そうとしない

注意していただきたいのは、「1つの大きなPDCAサイクルを回そうとしない」です。「1つの大きなPDCAサイクル」とは、複数の処理手順をまとめて考え、複数の命令文をすべて一気に書いてから、まとめて動作確認するサイクルになります。

もし、1つの大きなPDCAサイクルを回そうとすると、どうなるでしょう？　Checkの動作確認で意図通りの実行結果が得られなかった場合、初心者はChapter03-02（42ページ）で解説した通り、誤りを探す範囲が複数の命令文になるため、誤りを発見できず、Actionのところでサイクルが止まってしまうでしょう。また、たとえ発見できてもうまく修正できず、途中で止まってしまうでしょう。すると、その先に進めず、目的のプログラムを完成させられずに終わってしまいます。

そういった事態に陥らないよう、段階的に作り上げるノウハウに従って、複数の小さなPDCAサイクルを積み重ねることが大切なコツです。小さなPDCAサイクルなら、誤りを探す範囲が1つの命令文だけに限定されるため、初心者でも発見しやすくなり、最後まで回し終えられるでしょう。あとはそれを積み重ねて行けば、目的のプログラムを完成させられるでしょう。

大きなPDCAサイクルだと途中で止まる

複数の命令文で、1つの大きなPDCAサイクルを
いきなり回そうとすると・・・

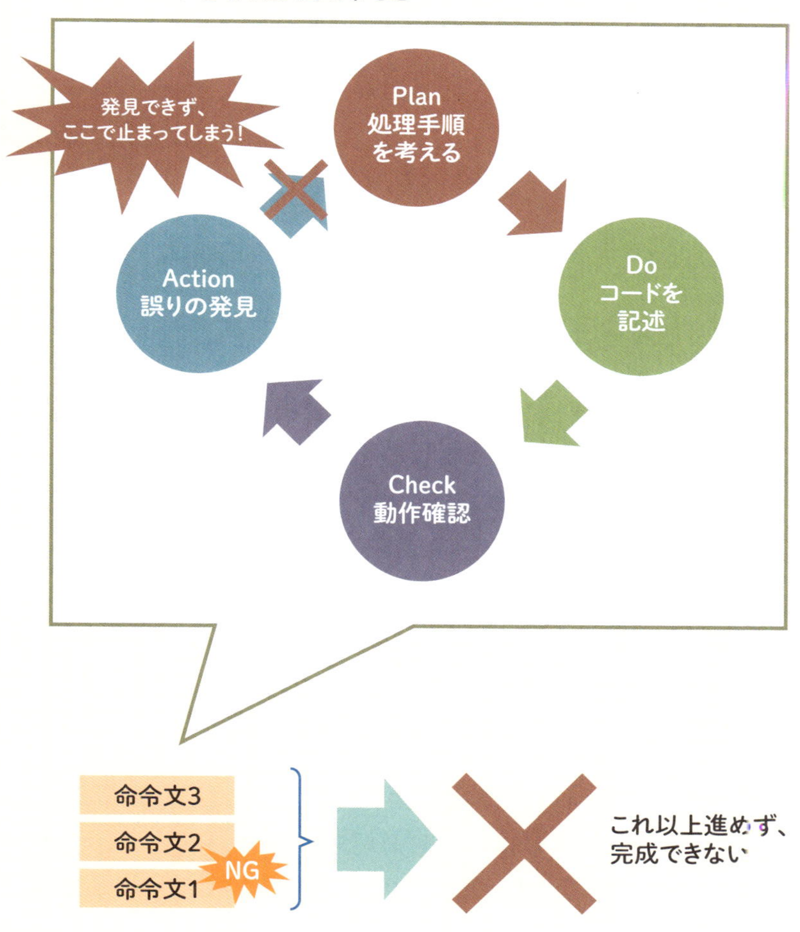

Chapter 03

フクザツな処理を段階分けするには

作りたいプログラムを小さな単位に分解して段階分け

段階分けは言い換えると、作りたいマクロの機能のプログラムを**小さな単位に分解する**ことです。分解した結果は、作りたいプログラムの処理手順そのものであり、“設計図”になります。あとはひとつひとつの処理手順の小さな単位を順番に、VBAの命令文に置き換えていく――VBAという言語に“翻訳”していくだけで、目的のマクロを作れるようになります。

そもそも、段階分けは具体的にどのように行えばよいのでしょうか？　自分の作りやすいよう自由に段階分けしてもよいのですが、基本的には、作りたい機能やワークシートの構成などに応じて、次の3つの切り口で行うことをオススメします。

◉【切り口1】一連の処理で段階分け

VBAで自動化したい一連の処理を個別の処理に分け、順に並べます。Chapter02-01で登場した順次に基づいた切り口になります。

もっとも簡単なアプローチがChapter02-01で触れたように、自動化したい処理を手作業で行った場合の一連の操作手順をそのまま処理手順として、個別の処理に分けるというものです。手作業で行わない処理でも、必要な処理を洗い出し、必要な順で並べることで段階分けします。

作りたいマクロを3つの切り口で段階分け

◉段階的に作り上げていく大きな流れ

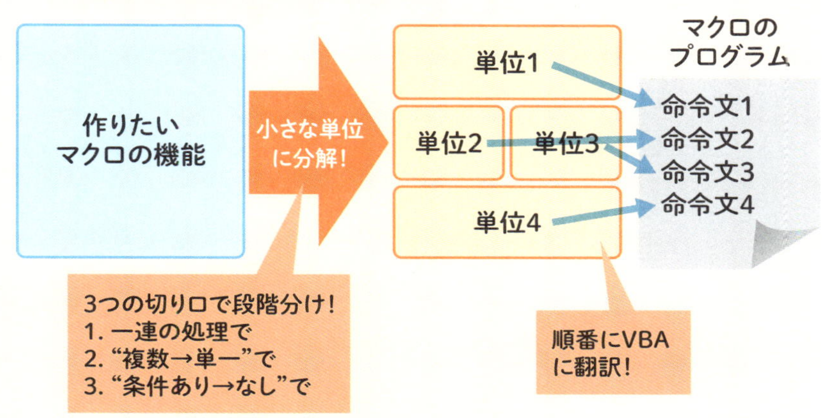

◉切り口1：一連の処理で段階分け

たとえば、「表のデータをフィルターで抽出し、コピーして別の場所に貼り付ける」という操作なら･･･

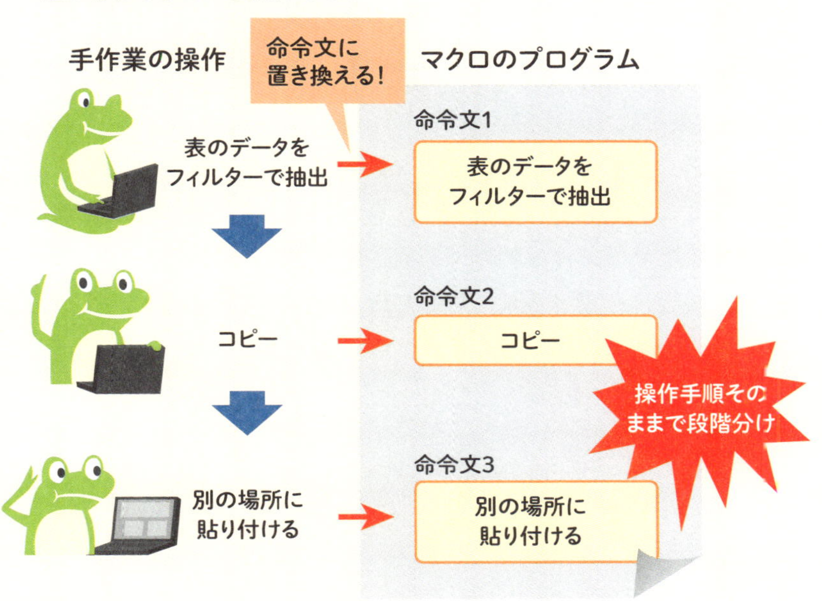

◉【切り口2】“複数→単一”で段階分け

複数の対象を処理したければ、単一の対象に分けます。たとえば、右図の上のように、複数のセルを転記したければ、まずは単一のセルのみを転記する処理を作成します。その次に、複数のセルを処理できるよう、Chapter02-03で登場した「**繰り返し**」の仕組みを使ったり、セル範囲を拡大したりしてプログラムを発展させます。いきなり複数を対象にした処理を作ろうとすると初心者は失敗しがちですが、このような段階を踏むと、より確実に作ることができます。

◉【切り口3】“条件あり→なし”で段階分け

条件に応じて異なる処理を実行したいなら、条件と処理に分けます。まずは条件に関係なく、実行する処理だけを作成します。その次に、Chapter02-02で登場した「**分岐**」の仕組みを用いて、条件に応じて実行するようプログラムを発展させます。

たとえば、右図の下のように、A2セルの値が指定した店舗の場合のみ、B2セルを転記したいとします。右図下の例では、店舗が「渋谷」なら転記したいとします。

その場合、まずは条件は除き、単純にB2セルを転記する処理だけを作ります。その次に、A2セルが「渋谷」（指定した店舗）の場合のみ転記するよう、条件を加えて発展させます。

また、複数から選べるようにしたければ、まずはいずれか1つ固定で処理を作り、その次に選べるよう発展させます。

フクザツな処理をよりスムーズに作成するための段階分け

◉切り口2：“複数→単一”で段階分け

たとえば、「A1～A5セルを
順に転記する」という処理なら・・・

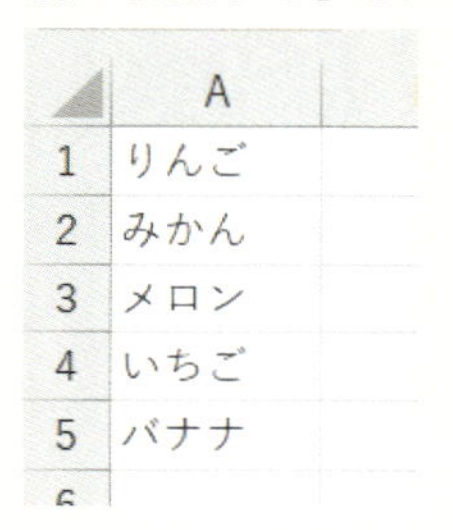

まずは単一のA1セルのみで
処理を作成

A1セルを転記

残りのA5セルまで同様に
処理できるよう
プログラムを発展

A1～A5セルまで繰り返す

A○セルを転記

◉切り口3：“条件あり→なし”で段階分け

たとえば、「A2セルが「渋谷」の
場合のみ、B2セルを転記」という
処理なら・・・

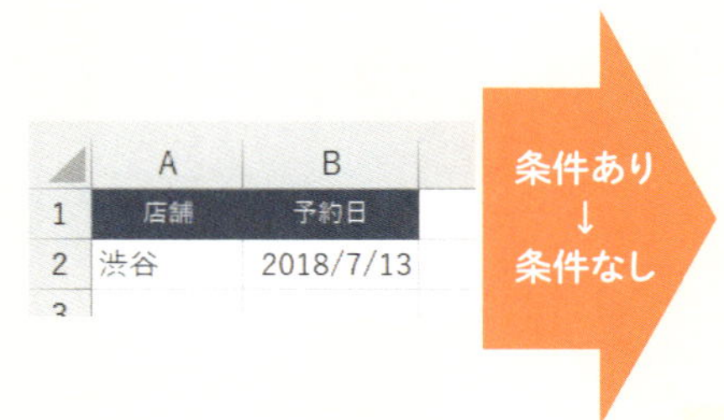

まずは条件は除き、単純に
B2セルを転記する処理を作成

B2セルを転記

条件を加え、A2セルが「渋谷」
の場合のみ転記するようプロ
グラムを発展

A2セルが「渋谷」なら

B2セルを転記

これら3つの切り口を適宜使い分けたり組み合わせたりしつつ、作りたいマクロのプログラムを段階分けします。ベースは【切り口1】です。【切り口2】と【切り口3】はフクザツな処理をよりスムーズに作成するために有効です。まずは【切り口1】で分けた後、次に【切り口2】と【切り口3】でさらに分けるとよいでしょう。

段階分けの結果は“設計図”であるのと同時に、どの処理から作ればよいのかもわかるようになるので、“工程表”であるとも言えます。作りたいプログラムの完成形はわかっていても、どこからどう手を付ければよいのかわからず、途方に暮れてしまいがちですが、段階分けをすれば見えてきます。

このように段階分けはいわば、完成形のマクロのプログラムという目に見えない大きな“目標”を、目に見える小さな単位の集まりに分解・整理することで、スタートからゴールまでの道筋を明確化してくれるのです。大きな目標を小さな単位に分解・整理し、1つずつ順番にこなしていくという進め方は、みなさんが普段取り組んでいる仕事や家事などと本質は同じでしょう。そういった普遍的な進め方をプログラミングにも用いるのです。

また、段階分けは頭の中だけで考えても、まずうまく行えないものです。紙に手書きでも構わないので、“見える化”しながら行うことが重要なコツです。

3つの切り口を組み合わせる

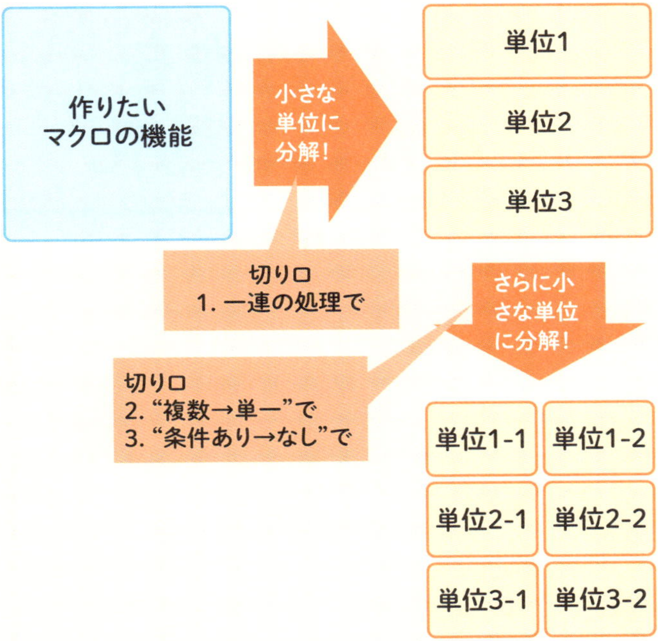

作りたい
マクロの機能

小さな
単位に
分解!

単位1

単位2

単位3

切り口
1. 一連の処理で

さらに小
さな単位
に分解!

切り口
2. “複数→単一”で
3. “条件あり→なし”で

単位1-1　単位1-2

単位2-1　単位2-2

単位3-1　単位3-2

段階分けの結果=設計図&工程表

ワークシート
「予約表ひな形」をコピー
↓
予約表のワークシート名を店舗名に設定
↓
店舗名をF3セルに転記
↓
目的の店舗の予約データを抽出
↓
予約表に転記

先頭1件の予約データ → すべての予約データ
無条件に転記 → 指定した店舗のみ転記

これで、どこからどう手を付ければいいか、わかったぞ!

分解・整理して、1つずつ順にこなしていくのは、普段の仕事と同じだね!

紙に手書きでいいから、見える化しよう!

Chapter 03

こんなな操作を
これから自動化

予約データから帳票「予約表」を自動作成

本書では、ある1つのサンプルの作成を通じて、フクザツな処理を作るための知識、およびノウハウを順に学んでいきます。

サンプルのブック名は「予約管理」です。シチュエーションとしては、多店舗展開している飲食店が顧客の予約をExcelで管理していると仮定します。全店舗の予約を1つの表で一元管理しており、その表から指定した店舗ごとの予約データをまとめた帳票（以下、「予約表」）をVBAで自動作成するとします。

具体的には右図の通り、ワークシート「予約」の表に全店舗の予約データを入力して管理します。予約表はひな形をワークシート「予約表ひな形」をあらかじめ用意しておくとします。

そして、ワークシート「予約」のC2セルに目的の店舗名を入力し、[予約表作成]ボタンをクリックすると、その店舗の予約表を自動で作成します。具体的には、ひな形のワークシートをコピーし、シート名をその店舗名に設定した後、F3セルに店舗名を転記します。そして、目的の店舗の予約データをA5セル以降に抽出・転記します（詳細は61ページの図参照）。このような処理を自動で行うマクロをこれからVBAで作っていきます。

本サンプルの完成版として、本書のダウンロードファイル（入手方法は2ページ）に、完成版のブック「予約管理_完成版」（拡張子は「.xlsm」）を用意しておきましたので、実際に開いて操作し、機能をザッと把握しておきましょう。

サンプルのワークシート構成と機能の概要

⦿予約データのワークシート（転記元）

ワークシート「予約」

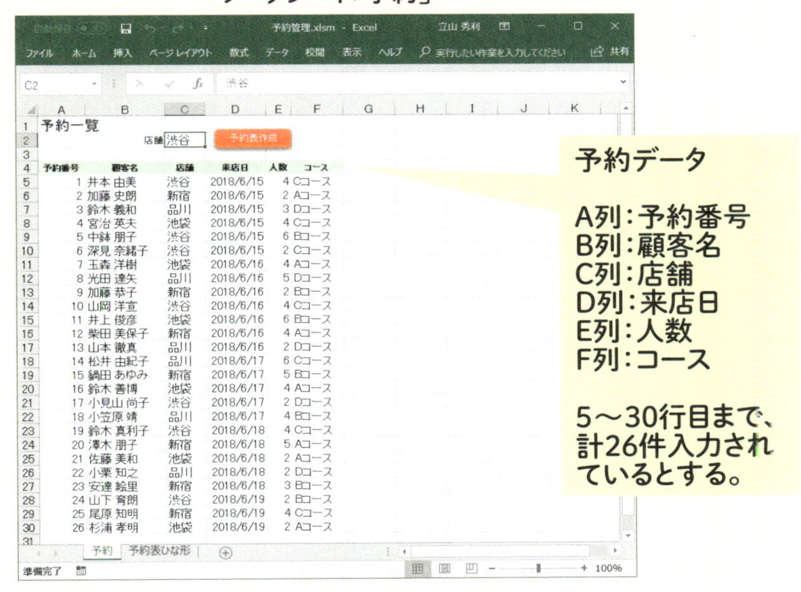

予約一覧

店舗 渋谷　予約表作成

予約番号	顧客名	店舗	来店日	人数	コース
1	井本 由美	渋谷	2018/6/15	4	Cコース
2	加藤 史朗	新宿	2018/6/15	2	Aコース
3	鈴木 義和	品川	2018/6/15	3	Dコース
4	宮治 英夫	池袋	2018/6/15	4	Cコース
5	中鉢 朋子	渋谷	2018/6/15	6	Bコース
6	深見 奈緒子	渋谷	2018/6/15	2	Cコース
7	玉森 洋樹	池袋	2018/6/16	4	Aコース
8	光田 達矢	品川	2018/6/16	5	Dコース
9	加藤 恭子	新宿	2018/6/16	2	Bコース
10	山岡 洋宣	渋谷	2018/6/16	4	Cコース
11	井上 俊彦	池袋	2018/6/16	6	Bコース
12	柴田 美保子	新宿	2018/6/16	4	Aコース
13	山本 徹真	品川	2018/6/16	2	Dコース
14	松井 由紀子	品川	2018/6/17	6	Cコース
15	鍋田 あゆみ	新宿	2018/6/17	5	Bコース
16	鈴木 善博	池袋	2018/6/17	4	Aコース
17	小見山 尚子	渋谷	2018/6/17	2	Dコース
18	小笠原 靖	品川	2018/6/17	4	Bコース
19	鈴木 真利子	渋谷	2018/6/18	4	Cコース
20	澤木 朋子	新宿	2018/6/18	5	Aコース
21	佐藤 美和	池袋	2018/6/18	2	Aコース
22	小栗 知之	品川	2018/6/18	2	Dコース
23	安達 絵里	新宿	2018/6/18	3	Bコース
24	山下 育朗	渋谷	2018/6/19	2	Bコース
25	尾原 知明	新宿	2018/6/19	4	Cコース
26	杉浦 孝明	池袋	2018/6/19	2	Aコース

予約表のワークシート（転記先）

◉ワークシート「予約表ひな形」をコピーして、予約表とする

ワークシート「予約表ひな形」

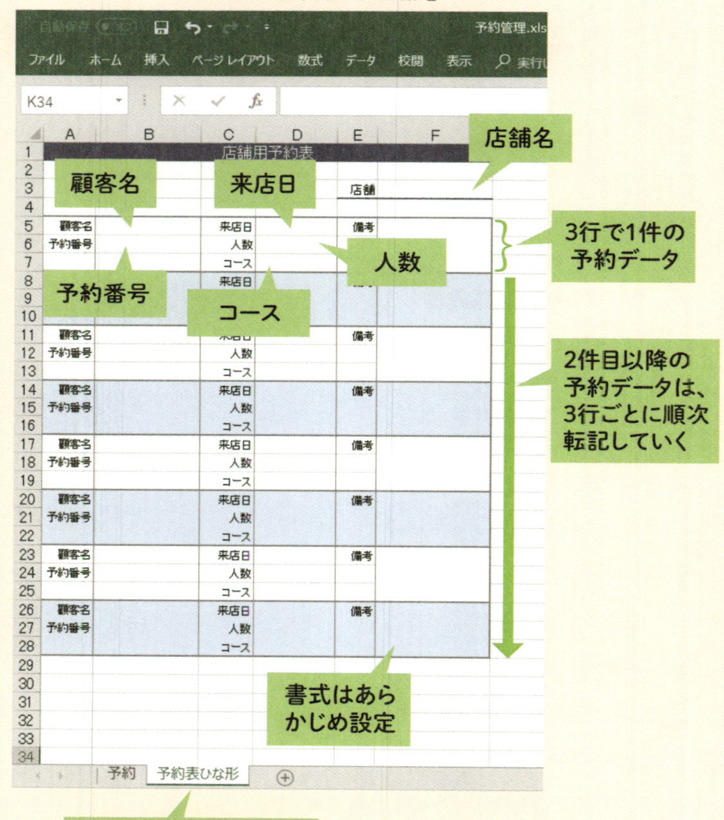

各データの転記先のセル番地などの詳細は、Chapter04-03で改めて解説します。

マクロの機能

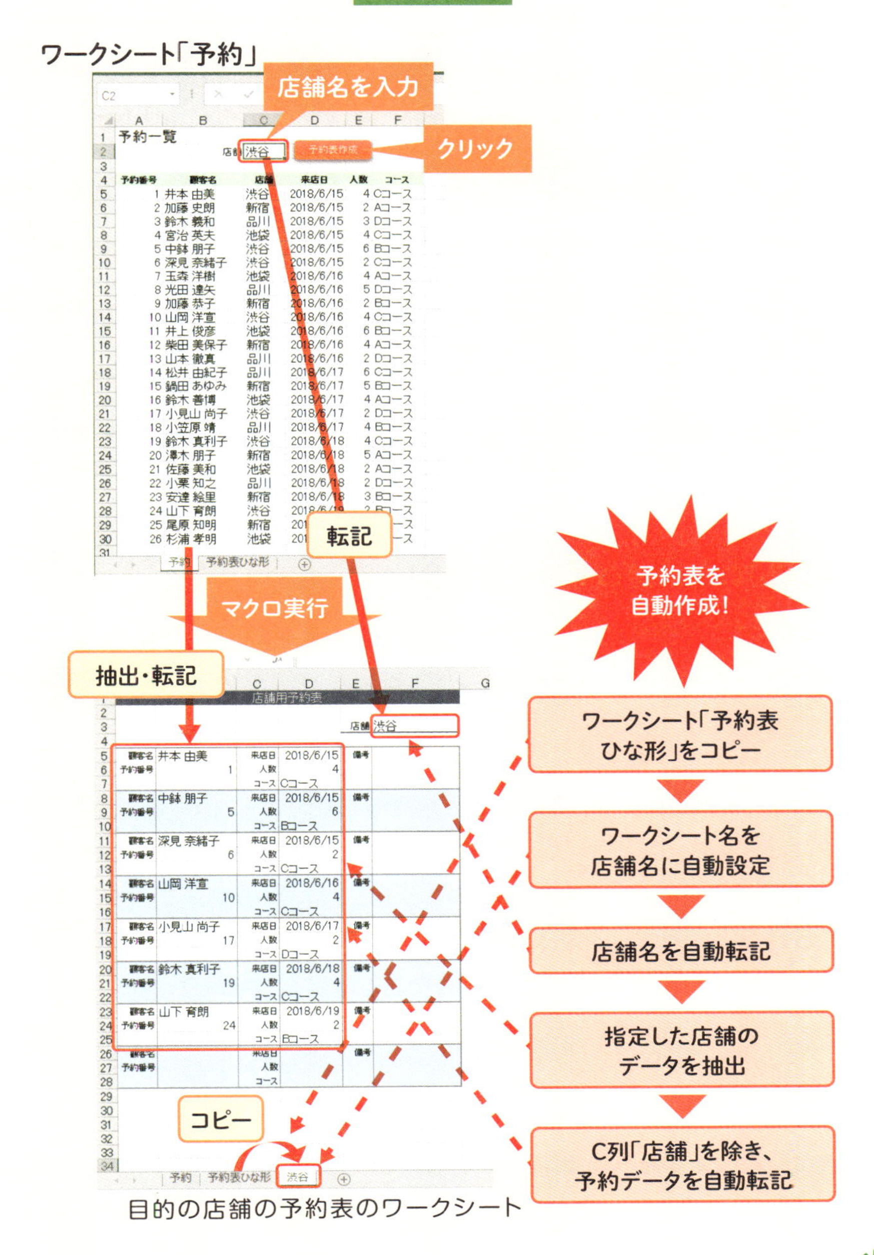

目的の店舗の予約表のワークシート

Chapter 03

サンプルを3つの切り口で段階分けしよう

まずは【切り口1】で段階分けする

前節で紹介したサンプル「予約管理」をChapter03-04で学んだ3つの切り口で段階分けしてみましょう。同サンプルの機能に必要となる処理を小さな単位に分解していきます。

◉【切り口1】一連の処理で段階分け

まずはベースとなる【切り口1】「一連の処理で段階分け」です。一連の処理を個別の処理に分け、順に並べると右図の上のようになります。手作業で行った場合の操作手順を想定し、その操作手順に応じて分解しています。

ここでの段階分けのツボは、各処理を適切な順に並べることです。並び順が不適切だと、実行してもうまく動かず、意図通りの結果が得られません。たとえば右図下のように、ひな形のワークシート「予約表ひな形」をコピーする処理の前に、予約表のワークシート名を目的の店舗名に変更する処理を並べたとします。すると、存在しないワークシートの名前を変更しようとすることになるため、エラーになってしまいます。

このように各処理を適切な順に並べることは、あたりまえに思えるかもしれませんが、非常に大切なツボです。

サンプルを一連の処理で段階分け

◎手作業での操作手順に応じて分解して並べる

手作業の操作手順		段階分け
ワークシート「予約表ひな形」をコピー	操作手順通りに分解	ワークシート「予約表ひな形」をコピー
▼		▼
予約表のワークシート名を店舗名に設定		予約表のワークシート名を店舗名に設定
▼		▼
店舗名をF3セルに転記		店舗名をF3セルに転記
▼		▼
目的の店舗の予約データを抽出		目的の店舗の予約データを抽出
▼		▼
予約表に転記		予約表に転記

手作業での操作手順を考えて、
それに従って分解すればOK!

◎不適切な並びの例

予約表のワークシート名を店舗名に設定

▼

ワークシート「予約表ひな形」をコピー

▼

⋮

うまく動かない!

ひな形のシートをコピーする前に、シート名を設定しようとしても、できないよね

先に抽出・転記の処理手順をザッと考えてみよう

さきほど【切り口1】で段階分けしましたが、ここで、次に【切り口2】と【切り口3】で段階分けする前に、予約データの抽出と転記の処理はどうすればよいか、大まかな処理手順を考えてみましょう。

たとえば、「渋谷」の店舗の予約データを抽出・転記するとします。ワークシート「予約」にある予約データの表で、店舗のデータはC5セル以降に入力されているのでした。そこで考えられる処理手順の一例が下記です。

①ワークシート「予約」の予約データの表のC列のデータが、C2セルに入力されたデータ（「渋谷」）と同じかどうか、表の先頭（C5セル）から順番に見ていく。
②「渋谷」を見つけたら、同じ行のA列「予約番号」、B列「顧客名」、D列「来店日」、E列「人数」、F列「コース」のデータを、予約表のワークシート（シート名は「渋谷」）の表（A5セル以降）にそれぞれ転記する。
③予約データの表の下の行に進み、①と②を繰り返す。再び「渋谷」を見つけたら、予約表のワークシートの表の次の3行先にデータを転記する。予約データの表の最後の行（行番号30）に達したら処理を終える。

予約データの抽出・転記の大まかな処理手順

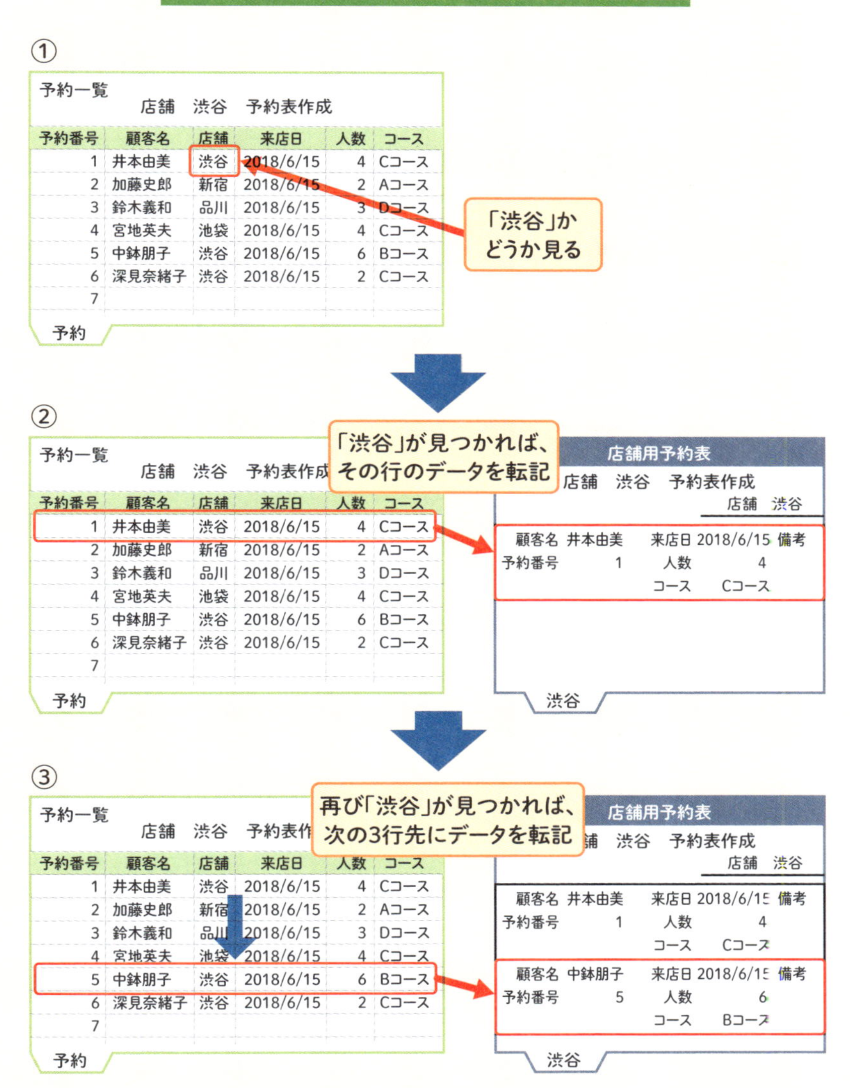

◉【切り口2】“複数→単一”で段階分け

それでは、先ほど考えた予約データの抽出・転記の大まかな処理手順をもとに、【切り口2】と【切り口3】で段階分けしてみましょう。まずは【切り口2】「“複数→単一”で段階分け」です。

本サンプルの機能で複数の対象を処理する必要がありそうなのは、予約データの抽出・転記です。転記元であるワークシート「予約」の表は、1行が1件の予約データであり、それが5行目から30行目にわたって複数ある構成になっています。転記先は予約表のワークシートの5行目以降です。

“複数→単一”での段階分けとしては、まずは予約表のワークシートへ、予約データの表の先頭1行（1件）だけを抽出・転記する処理を作ります。予約データは5行目から入力されているので、まずは5行目のみを処理します。その後、複数行を抽出・転記するようプログラムを発展させて、残りの行（6～30行目）も同様に処理できるようにします。その発展は今回、「繰り返し」の仕組みを用いて行うとします。

サンプルを“複数→単一”で段階分け

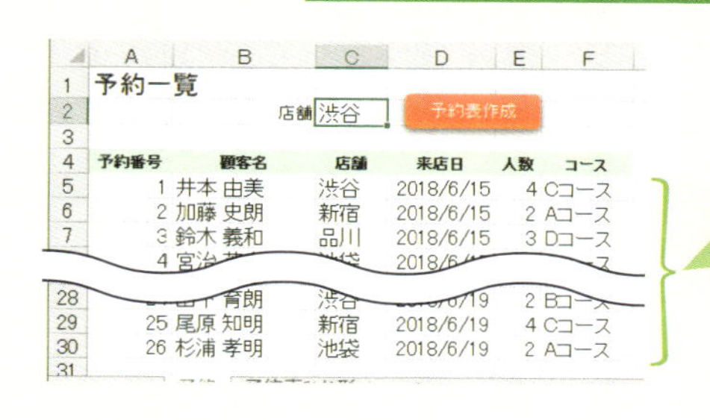

予約データは5～30行目

複数行ある予約データを抽出・転記したいなぁ。どう段階分けする?

“複数→単一”で分解

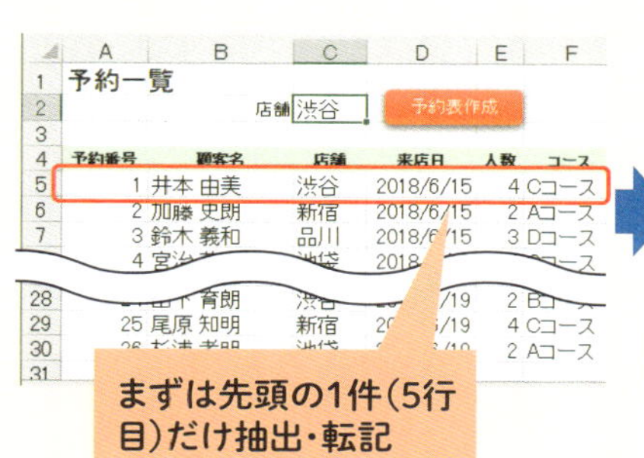

まずは先頭の1件(5行目)だけ抽出・転記

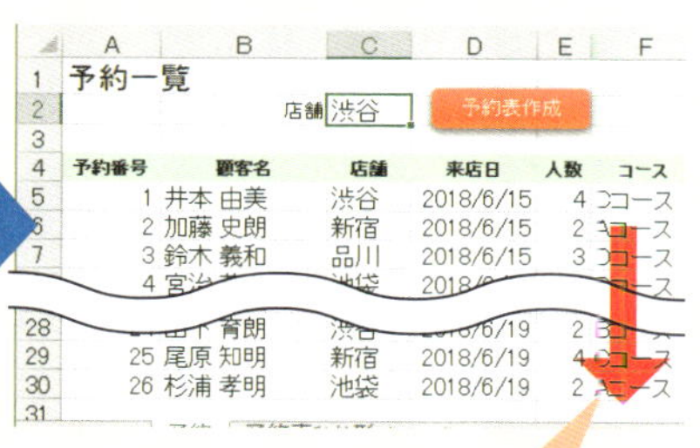

残りの行も同様に抽出・転記するよう発展

◉【切り口3】“条件あり→なし”で段階分け

続けて、【切り口3】「“条件あり→なし”で段階分け」です。転記したい予約データは、ワークシート「予約」のC2セルに入力された店舗の予約データでした。予約データの店舗はC5セル以降に入力されています。したがって転記したい予約データは、C5セル以降の店舗がC2セルに入力された店舗と一致するデータになります。この処理手順なら、目的の店舗の予約データを抽出できるでしょう。

そして、「店舗が一致するかどうか」は、まさに条件になります。そこで、段階分けとしては、まずは条件に関係なく——つまり、店舗に関係なく、予約データを転記する処理を作ります。その後、C2セルに入力された店舗と一致する場合のみ転記するよう、プログラムを発展させます。その発展は今回、「分岐」の仕組みを用いて行うとします。

また、予約表を作成する店舗は最終的には、C2セルに店舗名を入力することで、渋谷など複数から選べるようにします。そこで、まずはいずれか1つ固定で処理を作ります。どの店舗で固定してもよいのですが、今回は渋谷とします。その次に、各店舗を選べるよう発展させます。その方法はChapter07-09で改めて解説します。

3つの切り口による段階分けは以上です。他のパターンでも段階分け可能ですが、今回はこのように行うとします。

Column

抽出の方法について

本サンプルにおける目的の店舗での抽出を行う方法は、フィルター機能のメソッドを軸とした方法でもできますが、今回は分岐の仕組みを利用するとします。分岐を軸に、繰り返しと組み合わせた方法になります。将来的にもし、フィルター機能では不可能な複雑な抽出が必要となっても、その方法なら対応可能です。今回は練習も兼ねて、その方法を使うとします。

サンプルを“条件あり→なし”で段階分け

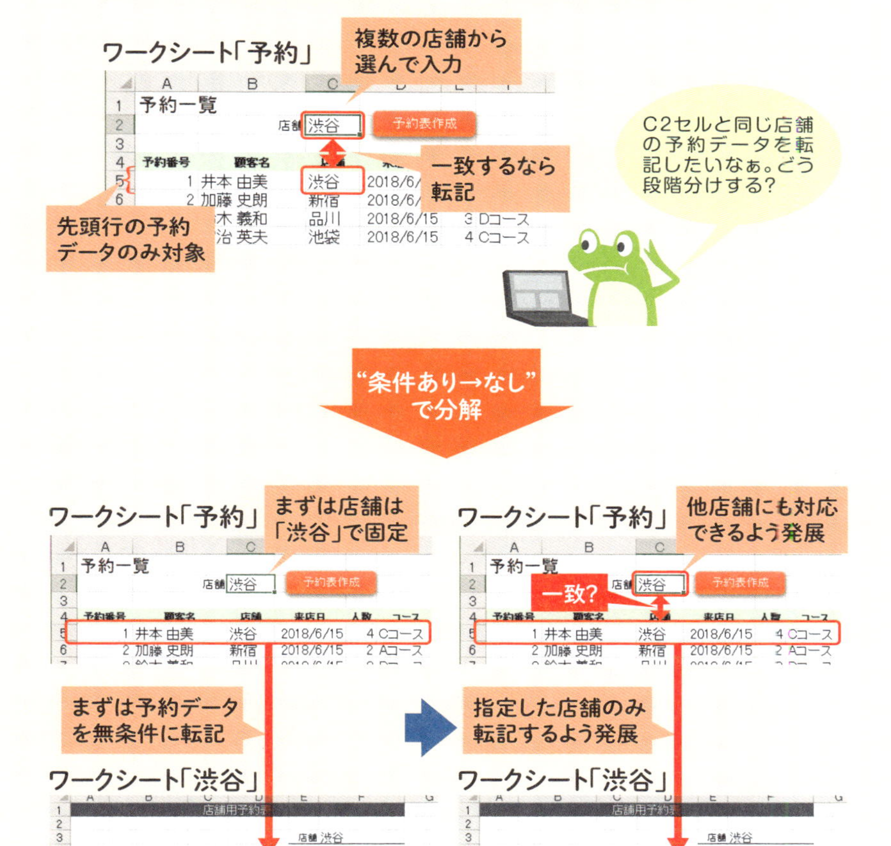

Chapter 03

処理に必要な“ハコ”は作りながら考えればOK

変数はコード記述時にその都度考えればOK

目的のプログラムを段階分けできたら、いよいよコードを記述して作成に入ります。段階分けの結果に沿って、各段階の小さな単位の処理のコードを記述します。そして、Chapter03-01で解説した段階的に作り上げるノウハウに従い、すぐに動作確認します。意図通り動作すれば次の段階へ進み、もし意図通り動作しなければ、必ずその場で修正してから次の段階へ進みます。このような作業の繰り返しで作成していきます。

そのようにプログラムを作成していくなかで、処理によっては“ハコ”――つまり変数が必要になります。たとえばChapter02-04で例に挙げたような、セルを5行おきに転記するなどの処理です。具体的にどのような変数がいくつ必要で、処理の流れの中で値をどう変化させればよいかなどは、実際にコードを記述する際に考えればOKです。その具体例はChapter07-03以降で紹介します。

変数は初心者にとって難しく、意図通りの実行結果が得られる“正解”のプログラムはなかなか一発では作れないものです。そのため、段階的に作り上げていくノウハウの小さなPDCAサイクル（Chapter03-03）に基づき、トライ＆エラーを繰り返しながら、“正解”へ徐々に近づくよう進めていきましょう。

どんな変数が必要かは作りながら考えよう

段階分けの結果

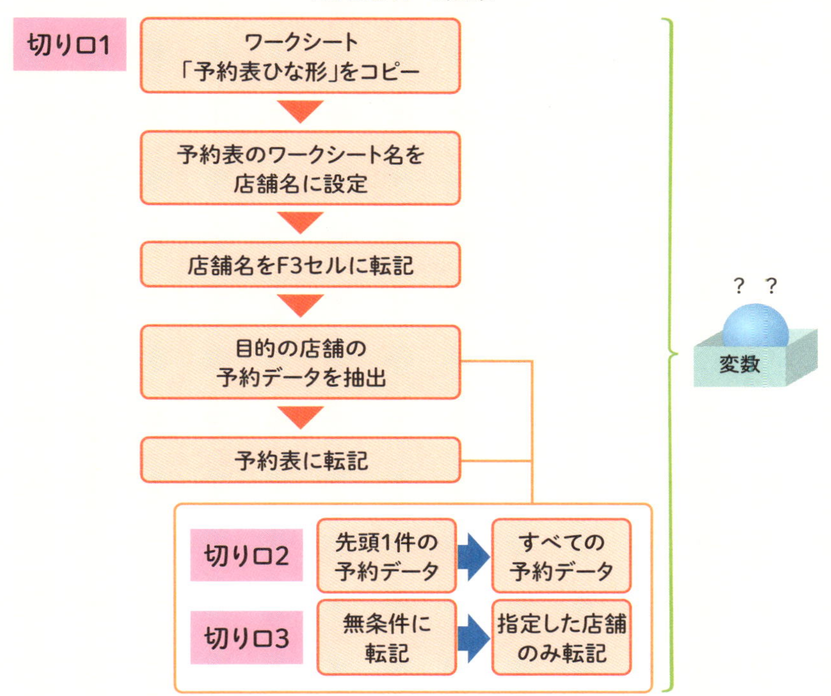

この処理にどんな変数がいくつ必要なのかは、作りながら考えればいいよ

作りながら段階分けを随時見直そう

VBAのプログラミングにおいて、最初に考えた段階分けが適切かどうかは、実際にコードを記述してプログラムを作ってみないと、わからないことが多いのが現実です。段階的に作り上げていく途中で、事前に行った段階分けが適していないケースはしばしばあります。別のパターンで分解した方がコードを記述しやすい、もっと細かく分解した方がわかりやすいなどです。その場合は段階分けを随時見直し、修正しながら進めましょう。

同時に、作成する機能や処理そのものについても、プログラム作成中に、事前に挙げたものに不足や誤りがあることに気づくケースも多々あります。その場合も随時追加・修正しましょう。

また、段階的に作り上げていくノウハウは、マメに動作確認するので、機能・処理の不足や誤りに早い段階で気づけ、より確実に軌道修正できることもメリットです。もし同ノウハウを用いないと、不足や誤りは最後の方にならないと気づけないので、軌道修正できず最初から作り直すハメになってしまうでしょう。

「ユーザーフォーム」でも段階分け

段階分けの切り口の4つ目が「ユーザーフォーム」(以下、フォーム)です。フォームは主にデータ入力に用いる画面です。ブックとは別の独立したウィンドウ上に、ボタンやテキストボックス、チェックボックスなどのパーツを配置して作成します。配置作業はVBE上で行い、各パーツを操作した際に実行したい処理をVBAでプログラミングすることになります。

このフォームを切り口に段階分けするのもよくある手です。たとえば、まずはフォームなしの状態で作成し、その後でフォームを追加するなどです。逆にフォームのみを先に作成し、その後でフォーム以外の部分を作成するといった段階分けも考えられます。

指定した顧客の予約データなら1件転記する処理まで作ろう

Chapter 04

01 本章で作るプログラムの機能と作成の流れ

指定した店舗の予約データを1件転記する処理まで作成

それでは、Chapter03-06で行った段階分けに沿って、サンプル「予約管理」のプログラムを作っていきましょう。最初に本節で、本章でどの処理まで作るか提示します。

まずは【切り口1】での段階分けに従い、次節からChapter04-03にかけて、右図上の①～③の処理を作ります。①～③は【切り口1】での段階分けの結果を改めて整理したものです。

次に、Chapter04-04から04-10にかけて、ワークシート「予約」のC2セルに入力された店舗の予約データを1件だけ、予約表のワークシートへ転記する処理も作成します。本来は目的の店舗の予約データをすべて転記したいのですが、本章では【切り口2】での段階分けに従い、1件だけを転記する処理を作成します。

さらに【切り口3】での段階分けに従い、まずはC2セルの店舗の予約データかどうか関係なく、無条件に転記する処理を作ります。その後、Chapter04-05以降で、C2セルの店舗のみ転記するようプログラムを発展させます。

目的の店舗の予約データを1件だけでなく、すべて転記するようプログラムを発展させるのは次章以降で進めていきます。

段階分けの結果に沿って各処理を順に作成

①ひな形のワークシート「予約表ひな形」をコピーし、予約表のワークシートを作成
②予約表のワークシートの名前に、ワークシート「予約」のC2セルの店舗を設定
③予約表のワークシートのF3セルに、ワークシート「予約」のC2セルの店舗を転記

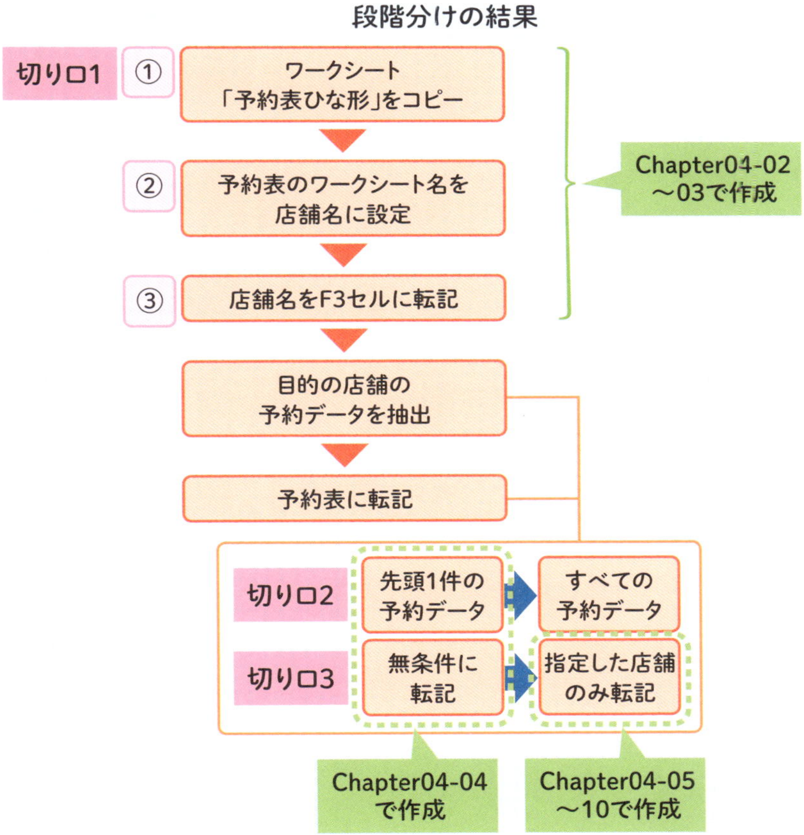

段階分けの結果

切り口1
① ワークシート「予約表ひな形」をコピー
② 予約表のワークシート名を店舗名に設定
③ 店舗名をF3セルに転記
（①〜③：Chapter04-02〜03で作成）

目的の店舗の予約データを抽出
予約表に転記

切り口2：先頭1件の予約データ → すべての予約データ
切り口3：無条件に転記 → 指定した店舗のみ転記

Chapter04-04で作成（先頭1件の予約データ／無条件に転記）
Chapter04-05〜10で作成（すべての予約データ／指定した店舗のみ転記）

Chapter 04

ワークシート「予約表ひな形」をコピーする処理まで作ろう

Module1を開き、Subプロシージャを用意

本節では、前節で提示した【切り口1】の①～③の処理の①「ひな形のワークシート『予約表ひな形』をコピーし、予約表のワークシートを作成」を作ります。②と③は次節で作成します。

では、本書ダウンロードファイル（入手方法は2ページ）に含まれているブック「予約管理.xlsm」を開いてください。「セキュリティの警告　マクロが無効化されました」のメッセージがリボン下に表示されたら、［コンテンツの有効化］をクリックしてください。

このブックはすでに標準モジュールのModule1を挿入し、マクロ有効ブック（拡張子「.xlsm」）として保存済みです。ブックを開いたら、Alt＋F11キーなどでVBEを起動し、プロジェクトエクスプローラーの標準モジュールのModule1をダブルクリックして開いてください。

VBEを起動し、標準モジュールのModule1を開いた状態

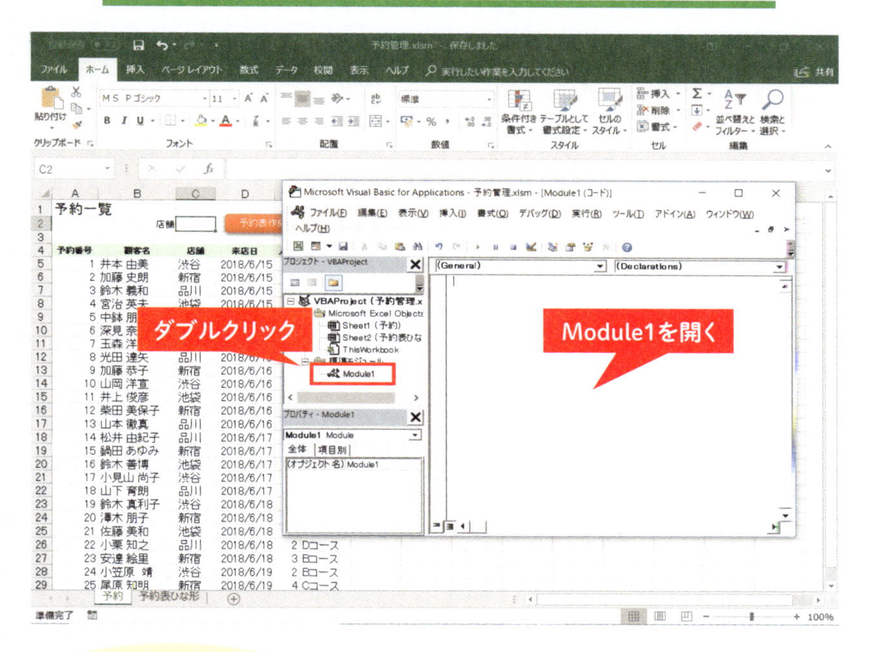

このブックはこのように、Module1をはじめ、どこにもVBAのコードが1文字も記述していない状態になっています。これからVBAのコードを随時追加・変更していくことで、目的のマクロのプログラムを段階的に作り上げていきます。

最初は**Subプロシージャ**を記述しましょう。名前は何でもよいのですが、今回は漢字で「予約表作成」とします。では、Subプロシージャ「予約表作成」の“枠組み”のみを記述しましょう。以下のコードをModule1に入力してください。

```
Sub 予約表作成()

End Sub
```

Subプロシージャ「予約表作成」の“枠組み”のみを入力

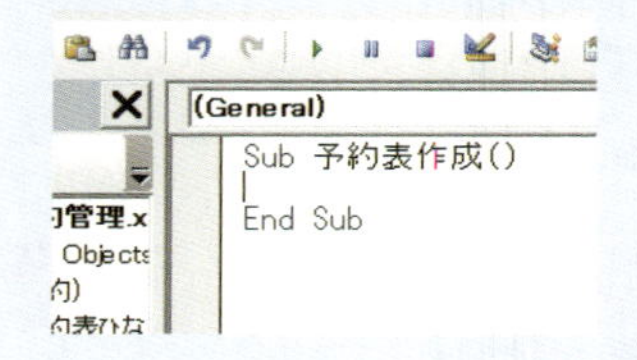

ここで、ワークシート「予約」上の[予約表作成]ボタン（図形で作成してあります）に、Subプロシージャ「予約表作成」をマクロとして登録し、同ボタンをクリックで実行できるようにしておきましょう。登録するには、同ボタンを右クリック→［マクロの登録］をクリックします。

[予約表作成]ボタンを右クリックし［マクロの登録］をクリック

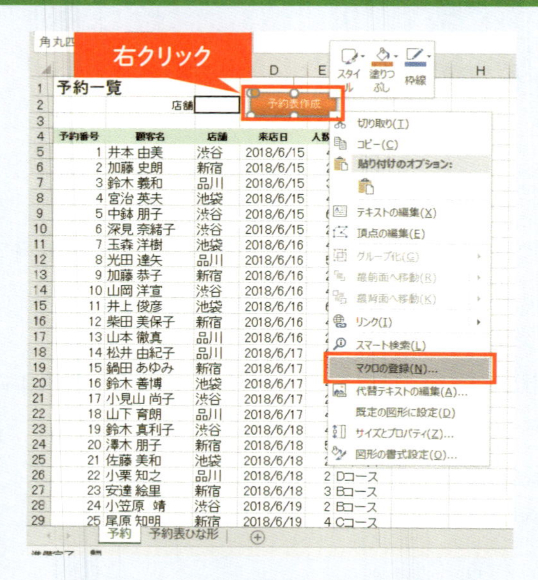

「マクロの登録」ダイアログボックスが表示されるので、Subプロシージャ「予約表作成」を選び、［OK］をクリックします。

Subプロシージャ「予約表作成」を選び［OK］をクリック

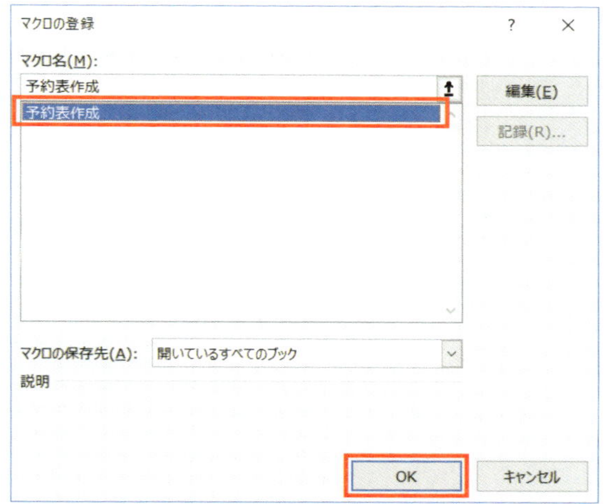

これで、「マクロの登録」ダイアログボックスが閉じ、［予約表作成］ボタンにSubプロシージャ「予約表作成」をマクロとして登録できました。あとは、同ボタン以外の場所をクリックするなどして、同ボタンの選択状態を解除すれば、クリック可能になります。

以降、Subプロシージャ「予約表作成」に記述したコードの動作確認は原則、［予約表作成］ボタンをクリックで実行して行うとします。また、コードを記述して動作確認を行う前など、作業の区切りのいいところで、ブック「予約管理.xlsm」を随時上書き保存をしてください。

ワークシートをコピーするには

Subプロシージャ「予約表作成」を記述できたところで、その中身の処理のコードを順に記述していきましょう。最初はひな形のワークシート「予約表ひな形」をコピーする処理です。

ワークシートをコピーするには、ワークシートのオブジェクトのCopyメソッドを用います。書式は次の通りです。

書式

```
ワークシート.Copy
```

ワークシートのオブジェクトは「Worksheets(ワークシート名)」の書式で記述できます。目的のワークシート名をカッコ内に文字列として指定します。すると、ワークシート「予約表ひな形」をコピーするコードは以下になります。

```
Worksheets("予約表ひな形").Copy
```

ただし、このコードを実行すると、Copyメソッドの“クセ”によって、予約管理.xlsmとは別にブックが新規作成され、そちらにコピーされてしまいます。本サンプルでは、同じ予約管理.xlsmの中にひな形をコピーしたいのでした。そのためにはCopyメソッドのコードに、引数**After**を追加して、コピー先の場所を指定する必要があります。引数Afterを使うと、指定したワークシートの後ろにコピーできます。そのワークシートはオブジェクトとして指定するよう決められています。

コピー先は今回、ワークシート「予約表ひな形」自身の後ろとします。そのため、引数Afterにワークシート「予約表ひな形」のオブジェクトを指定します。以上を踏まえると、ひな形のワークシートをコピーする処理のコードは以下になります。

```
Worksheets("予約表ひな形").Copy _
  After:=Worksheets("予約表ひな形")
```

1行が長くなったので、「Copy」の後ろで「 _」によって改行するとします。本書では、改行した後半のコードは、Tabキーを押してインデントするとします。途中で改行していることをよりわかりやすくするためです。以降、同様にコードが長ければ途中で適宜改行していきます。また、Tabキーによるインデントの間隔は、VBEの標準では半角スペース4つですが、本書では誌面の関係で半角スペース2つに変更しています。変更方法は本節末コラムで紹介します。

このコードには「Worksheets("予約表ひな形")」という同じ記述が「.Copy」の前と引数Afterの2箇所に登場します。前者はコピー元のワークシートのオブジェクトとして、コピーする処理を「Worksheets("予約表ひな形").Copy」と記述しています。後者はコピー先の場所を指定するために、引数Afterを用いて「After:=Worksheets("予約表ひな形")」と記述しています。

このコードの処理の柱は前者であり、後者はコピー先を指定する補助的な役割です。今回たまたま自身の後ろにコピーするため、前者の箇所にも後者の箇所にも同じワークシート「予約表ひな形」を指定しただけです。前者と後者の役割の違いを混同しないよう気をつけましょう。

では、このコードをSubプロシージャ「予約表作成」の中に追加してください。インデントして追加するとします。

```
Sub 予約表作成()
  Worksheets("予約表ひな形").Copy _
    After:=Worksheets("予約表ひな形")
End Sub
```

追加できたら、さっそく動作確認しましょう。ワークシート「予約」の［予約表作成］ボタンをクリックし、Subプロシージャ「予約表作成」を実行すると、次の画面のようにワークシート「予約表ひな形」が自身の後ろにコピーされます。そのワークシート名は「予約表ひな形(2)」になります。

ワークシート「予約表ひな形」が自身の後ろにコピーされた

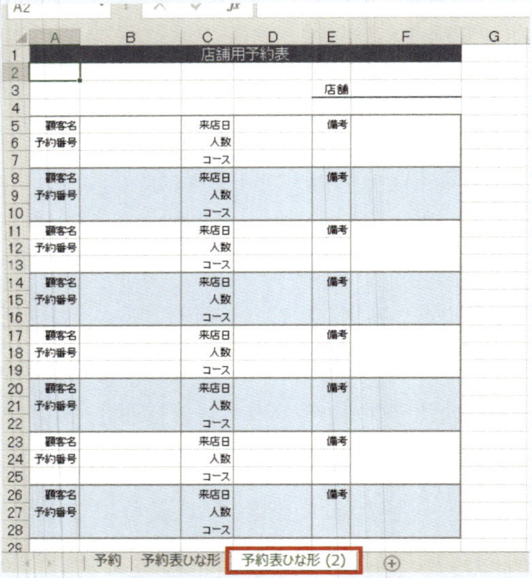

A2

	A	B	C	D	E	F	G
1	店舗用予約表						
2							
3					店舗		
4							
5	顧客名		来店日		備考		
6	予約番号		人数				
7			コース				
8	顧客名		来店日		備考		
9	予約番号		人数				
10			コース				
11	顧客名		来店日		備考		
12	予約番号		人数				
13			コース				
14	顧客名		来店日		備考		
15	予約番号		人数				
16			コース				
17	顧客名		来店日		備考		
18	予約番号		人数				
19			コース				
20	顧客名		来店日		備考		
21	予約番号		人数				
22			コース				
23	顧客名		来店日		備考		
24	予約番号		人数				
25			コース				
26	顧客名		来店日		備考		
27	予約番号		人数				
28			コース				

予約 | 予約表ひな形 | 予約表ひな形 (2)

確認できたら、コピーしてできたワークシート「予約表ひな形(2)」は右クリック→［削除］をクリックで削除してください。

ワークシート「予約表ひな形(2)」を削除しておく

以降、動作確認の度に削除していただきます。その理由はこの次節で解説します。

Column

インデントの間隔を2に変更する方法

Tab キーでインデントした際の間隔を変更するには、VBEのメニューバーの［ツール］→［オプション］をクリックします。「オプション」ダイアログボックスが表示されるので、［編集］タブの「タブ間隔」を「2」に変更し、［OK］をクリックします。

VBEの「オプション」画面でタブ間隔を2に設定

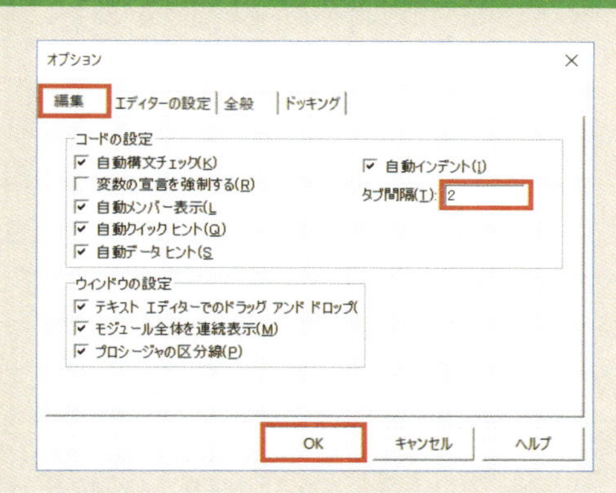

Chapter 04

ワークシート名を設定し、店舗を転記しよう

ワークシート名を設定するには

本節は前節に続き、Chapter04-01で提示した以下の②と③の処理を作成します。

②予約表のワークシートの名前に、ワークシート「予約」のC2セルの店舗を設定
③予約表のワークシートのF3セルに、ワークシート「予約」のC2セルの店舗を転記

まずは②から作成しましょう。ワークシートの名前を設定するには、ワークシートのオブジェクトの「**Name**」というプロパティに、目的の名前の文字列を代入します。書式は次の通りです。

書式

```
ワークシート.Name = 名前
```

上記書式に沿って、②の処理のコードを考えましょう。「ワークシート」の部分には、コピーされたひな形のワークシートのオブジェクトを記述します。そのワークシート名は前節で述べた「予約表ひな形 (2)」でした。Worksheetsのカッコ内にその名前の文字列を記

述してもよいのですが、今回は練習を兼ねて、数値で指定するとします。

ワークシートのオブジェクトを取得するには、Worksheetsのカッコ内に、左から何番目に位置するのかの数値を指定してもよいのでした。コピーしたひな形のワークシートは左から3番目に位置するため、カッコ内には3を指定すればよいことになります。

```
Worksheets(3)
```

このワークシート名には、ワークシート「予約」のC2セルに入力されている店舗を設定したいのでした。したがって、Nameプロパティに、ワークシート「予約」のC2セルの値（**Range**オブジェクトの**Value**プロパティ）を代入すればよいことになります。

```
Worksheets(3).Name = Worksheets("予約").Range("C2").Value
```

これで②のコードがわかりました。Subプロシージャ「予約表作成」に追加してください。

追加前

```
Sub 予約表作成()
  Worksheets("予約表ひな形").Copy _
    After:=Worksheets("予約表ひな形")
End Sub
```

追加後

```
Sub 予約表作成()
  Worksheets("予約表ひな形").Copy _
    After:=Worksheets("予約表ひな形")
  Worksheets(3).Name = Worksheets("予約").Range("C2").Value
End Sub
```

追加できたらさっそく動作確認しましょう。その前に、ワークシート「予約」のC2セルに店舗を入力します。そもそもどの店舗の予約表を作成するのかは、ワークシート「予約」のC2セルに目的の店舗名を入力することで決まるのでした。同セルは現時点では空なので、動作確認するには、何かしらの店舗を入力しておく必要があります。どの店舗でもよいのですが、今回は「渋谷」とします。では、同セルに「渋谷」と入力してください。

ワークシート「予約」のC2セルに「渋谷」を入力

C2 ｜ 渋谷

	A	B	C	D	E	F
1	予約一覧					
2		店舗	渋谷	予約表作成		
3						
4	予約番号	顧客名	店舗	来店日	人数	コース
5	1	井本 由美	渋谷	2018/6/15	4	Cコース
6	2	加藤 史朗	新宿	2018/6/15	2	Aコース
7	3	鈴木 義和	品川	2018/6/15	3	Dコース

入力できたら動作確認しましょう。［予約表作成］ボタンをクリックして実行すると、次の画面のように、ひな形がコピーされてできた予約表のワークシートの名前が「渋谷」に設定されます。

ワークシート名が「渋谷」に設定された

	A	B	C	D	E	F
1	店舗用予約表					
2						
3					店舗	
4						
5	顧客名		来店日		備考	
6	予約番号		人数			
7			コース			
8	顧客名		来店日		備考	
9	予約番号		人数			
10			コース			
11	顧客名		来店日		備考	
12	予約番号		人数			
13			コース			
14	顧客名		来店日		備考	
15	予約番号		人数			
16			コース			
17	顧客名		来店日		備考	
18	予約番号		人数			
19			コース			
20	顧客名		来店日		備考	
21	予約番号		人数			
22			コース			
23	顧客名		来店日		備考	
24	予約番号		人数			
25			コース			
26	顧客名		来店日		備考	
27	予約番号		人数			
28			コース			
29						

予約 | 予約表ひな形 | 渋谷

動作確認できたら、ワークシート「渋谷」を削除してから、次へ進んでください。

このワークシート「渋谷」が、渋谷店の予約表のワークシートになります。以降、Chapter07-08までは、渋谷店の予約表を作成する処理を段階的にプログラミングしていきます。

店舗を転記する処理を作ろう

本節の最後に、③予約表のワークシートのF3セルに、ワークシート「予約」のC2セルの店舗を転記する処理を作りましょう。ひな形をコピーして名前を設定したワークシート「渋谷」は、先ほど述べた

とおり、渋谷店の予約表のワークシートになります。

店舗を転記する処理は今回、コピー＆貼り付けのメソッドではなく、セルの値であるRangeオブジェクトのValueプロパティの代入で行うとします。代入の演算子「=」の左辺には、転記先として渋谷店の予約表であるワークシート「渋谷」のF3セルのValueプロパティを記述します。そのワークシートは②の処理によって、すでに名前が「渋谷」に設定されているのでした。ここでは、その名前を使ってワークシートのオブジェクトを指定するとします。

「=」の右辺には、転記元（代入する値）として、ワークシート「予約」のC2セルのValueプロパティを記述します。以上をまとめると③のコードは次の通りになります。1行が長くなったので、「=」の後ろで「 _」によって改行するとします。

```
Worksheets("渋谷").Range("F3").Value = _
  Worksheets("予約").Range("C2").Value
```

では、この③のコードを追加してください。

追加前

```
Sub 予約表作成()
  Worksheets("予約表ひな形").Copy _
    After:=Worksheets("予約表ひな形")
  Worksheets(3).Name = Worksheets("予約").Range("C2").Value
End Sub
```

追加後

```
Sub 予約表作成()
  Worksheets("予約表ひな形").Copy _
    After:=Worksheets("予約表ひな形")
  Worksheets(3).Name = Worksheets("予約").Range("C2").Value
  Worksheets("渋谷").Range("F3").Value = _
```

```
    Worksheets("予約").Range("C2").Value
End Sub
```

動作確認すると、ワークシート「渋谷」のF3セルに、ワークシート「予約」のC2セルに入力している「渋谷」が意図通り転記されます。

F3セルに目的の店舗名「渋谷」が転記された

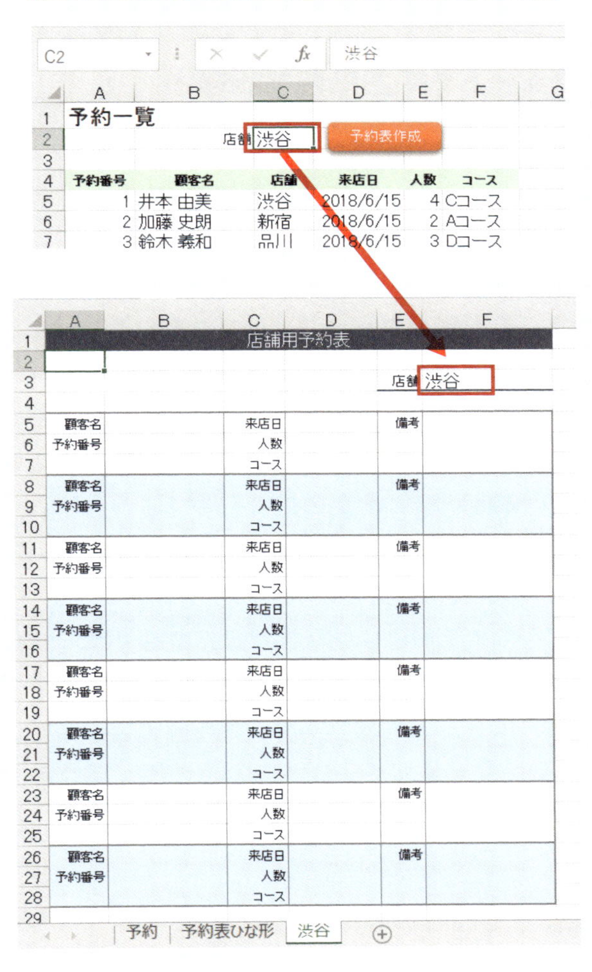

動作確認できたら、ワークシート「渋谷」を削除してください。

これでChapter04-01で提示した①～③の処理のコードをすべて記述できました。段階的に作り上げていくノウハウ（38ページ）に従い、記述する度に動作確認を行い、意図通りの結果が得られることを確かめました。また、これら①～③の処理の流れは順次です。3つの命令文のコードを上から並べて記述し、上から順に実行されていることを改めて確認しましょう。

ワークシートを毎回削除する理由

ここで、動作確認後に毎回、ワークシート「渋谷」を削除する理由を説明します。削除しないと、次に動作確認した際、実行時エラーになってしまい、「この名前はすでに使用されています。別の名前を入力してください。」というメッセージが表示されます。

その理由は、ひな形のワークシートをコピーした後に名前を「渋谷」に設定する処理にて、すでにあるワークシート「渋谷」と同じ名前を設定することになるからです。ワークシートに同じ名前は設定できないので、実行時エラーになってしまいます。そのような事態を避けるため、毎回削除するのです。

そのような理由のため、もしワークシート「予約」のC2セルの値を「渋谷」以外の店舗に変更すれば、ワークシート「渋谷」を削除しなくても、実行時エラーにはなりません。本書では、Chapter07-09まで、しばらくは店舗を「渋谷」で固定してプログラム作成を続けます。そのため、以降もお手数ですが、動作確認後は必ずワークシート「渋谷」を削除してください。また、その際に誤って、ひな形のワークシートまで削除しないよう注意しましょう。

\Column/

ワークシート名で指定する際の注意点

もし、Worksheetsのカッコ内に数値ではなく、ワークシート名の文字列「予約表ひな形 (2)」を記述するなら、その際は「予約表ひな形」と「(2)」の間にある半角スペースを忘れないよう注意が必要です。忘れると、別の名前のワークシートと見なされ、プログラムが正しく動作しなくなります。

\Column/

ワークシートを連番で指定する際の注意点

ワークシートのオブジェクトを記述する際、Worksheetsでカッコ内にワークシート名ではなく、連番の数値を指定する方式を用いる場合は、ワークシートの順番の変更に注意が必要です。ワークシートの並びを入れ替えたり、新たに追加で挿入したりして、目的のワークシートの場所がズレると、カッコ内に指定している連番と食い違ってしまい、プログラムが意図通り動作しなくなってしまいます。

また、本書サンプルのプログラムでも、ワークシート「予約表ひな形」の名前が変更されると、意図通り動作しなくなってしまいます。そのようなワークシートの変更に伴うリスクは基本的に、[ブックの保護] 機能によってワークシートの変更を禁止することで対処します。ただし、本書サンプルのように、ワークシートのコピーや名前設定を行うプログラムだと、その処理自体がブックの保護によって禁止されてエラーになってしまいます。そのような場合はたとえば、ブックの保護を一時的に解除して再び元に戻す処理を加えるなど、少々高度な対応が必要となります。

Chapter 04

店舗に関係なく、予約データを1件だけ転記する処理を作ろう

先頭の予約データを転記する

本節からは、予約データを転記する処理を作成します。本節ではChapter04-01で解説した【切り口2】と【切り口3】の段階分けに沿って、予約データを1件だけ、予約表のワークシート「渋谷」へ転記する処理を作成します。その際、本来は渋谷店の予約データのみ転記したいのですが、まずは無条件に転記する処理を作ります。

転記する1件の予約データはどれでもよいのですが、今回は予約データの表の先頭（1件目）のデータとします。具体的には、ワークシート「予約」の5行目のデータ（A5 ～ F5セル）であり、これらが転記元データになります。そのデータはC列の値を確認すると、たまたま渋谷店のデータですが、本節では、店舗は関係なく単純に転記するコードを記述します。

転記先はワークシート「渋谷」の表で、1件目のデータの領域である5 ～ 7行目のB列～ D列です。具体的な場所は次ページの図になります。

先頭の予約データの転記元セルと転記先セル

転記元

ワークシート「予約」

	A	B	C	D	E	F
1	予約一覧					
2			店舗 渋谷	予約表作成		
3						
4	予約番号	顧客名	店舗	来店日	人数	コース
5	1	井本 由美	渋谷	2018/6/15	4	Cコース
6	2	加藤 史朗	新宿	2018/6/15	2	Aコース

先頭のデータ

予約番号
A5 → B6

顧客名
B5 → B5

来店日
D5 → D5

人数
E5 → D6

コース
F5 → D7

転記先

ワークシート「渋谷」

	A	B	C	D	E	F	G
1	店舗用予約表						
2							
3					店舗 渋谷		
4							
5	顧客名	井本 由美	来店日	2018/6/15	備考		
6	予約番号	1	人数	4			
7			コース	Cコース			
8	顧客名		来店日		備考		
9	予約番号		人数				

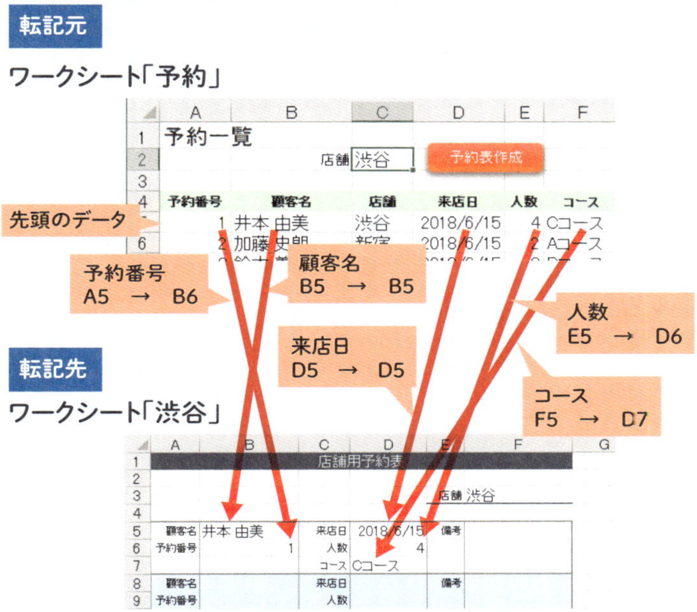

上記図は転記元セルと転記先セルの5つを整理したものであり、いわば、これから作ろうとする処理を見える化したものです。Chapter03-04では、段階分けを行う際は見える化することがコツと述べましたが、具体的な処理を作る際も、いきなりコードを書き始めるのではなく、紙に手書きでも構わないので、この図のように見える化しながら行うことが重要なコツです。

セルのValueプロパティの代入で転記

これら先頭の予約データの5つのセルの値を転記するコードをこれから順に記述します。転記方法は店舗と同じく、セルのValueプロパティの代入で行うとします。

1つ目の「予約番号」のデータは図の通り、ワークシート「予約」のA5セルから、ワークシート「渋谷」のB6セルに転記します。そのコードは以下です。途中で「 _」で改行するとします。

```
Worksheets("渋谷").Range("B6").Value = _
  Worksheets("予約").Range("A5").Value
```

では、このコードを追加してください。その際、F3セルに店舗を転記するコードとの間に空の行を入れるとします。その理由はChapter04-12で改めて解説します。

追加前

```
Sub 予約表作成()
  Worksheets("予約表ひな形").Copy _
    After:=Worksheets("予約表ひな形")
  Worksheets(3).Name = Worksheets("予約").Range("C2").Value
  Worksheets("渋谷").Range("F3").Value = _
    Worksheets("予約").Range("C2").Value
End Sub
```

追加後

```
Sub 予約表作成()
  Worksheets("予約表ひな形").Copy _
    After:=Worksheets("予約表ひな形")
  Worksheets(3).Name = Worksheets("予約").Range("C2").Value
  Worksheets("渋谷").Range("F3").Value = _
    Worksheets("予約").Range("C2").Value

  Worksheets("渋谷").Range("B6").Value = _
    Worksheets("予約").Range("A5").Value
End Sub
```

動作確認すると、ワークシート「予約」のA5セルの予約番号が、ワークシート「渋谷」のB6セルに意図通り転記されることが確認できます。

先頭の予約データの予約番号が転記された

	A	B	C	D	E	F
1	店舗用予約表					
2						
3					店舗	渋谷
4						
5	顧客名		来店日		備考	
6	予約番号	1	人数			
7			コース			
8	顧客名		来店日		備考	
9	予約番号		人数			
10			コース			
11	顧客名		来店日		備考	
12	予約番号		人数			
13			コース			
14	顧客名		来店日		備考	
15	予約番号		人数			
16			コース			
17	顧客名		来店日		備考	
18	予約番号		人数			
19			コース			
20	顧客名		来店日		備考	
21	予約番号		人数			
22			コース			
23	顧客名		来店日		備考	
24	予約番号		人数			
25			コース			
26	顧客名		来店日		備考	
27	予約番号		人数			
28			コース			
29						

予約 | 予約表ひな形 | 渋谷

残り4つのデータ「顧客名」、「来店日」、「人数」、「コース」も同様に転記するコードを追加していきましょう。各コードは以下になります。追加する際は誌面上では割愛しますが、コードを1つ追加する度に動作確認を行いましょう。その際、動作確認の度にワークシート「渋谷」の削除を忘れないよう気をつけてください。

顧客名

ワークシート「予約」のB5セル　→　ワークシート「渋谷」のB5セル

```
Worksheets("渋谷").Range("B5").Value = _
  Worksheets("予約").Range("B5").Value
```

来店日

ワークシート「予約」のD5セル　→　ワークシート「渋谷」のD5セル

```
Worksheets("渋谷").Range("D5").Value = _
  Worksheets("予約").Range("D5").Value
```

人数

ワークシート「予約」のE5セル　→　ワークシート「渋谷」のD6セル

```
Worksheets("渋谷").Range("D6").Value = _
  Worksheets("予約").Range("E5").Value
```

コース

ワークシート「予約」のF5セル　→　ワークシート「渋谷」のD7セル

```
Worksheets("渋谷").Range("D7").Value = _
  Worksheets("予約").Range("F5").Value
```

5つの転記のコードをすべて追加し終わった状態のSubプロシージャ「予約表作成」は以下になります。

```
Sub 予約表作成()
  Worksheets("予約表ひな形").Copy _
```

```
    After:=Worksheets("予約表ひな形")
  Worksheets(3).Name = Worksheets("予約").Range("C2").Value
  Worksheets("渋谷").Range("F3").Value = _
    Worksheets("予約").Range("C2").Value

  Worksheets("渋谷").Range("B6").Value = _
    Worksheets("予約").Range("A5").Value
  Worksheets("渋谷").Range("B5").Value = _
    Worksheets("予約").Range("B5").Value
  Worksheets("渋谷").Range("D5").Value = _
    Worksheets("予約").Range("D5").Value
  Worksheets("渋谷").Range("D6").Value = _
    Worksheets("予約").Range("E5").Value
  Worksheets("渋谷").Range("D7").Value = _
    Worksheets("予約").Range("F5").Value
End Sub
```

動作確認した結果は次ページのようになります。予約データの先頭（ワークシート「予約」の5行目）における「予約」～「コース」の5つのセルのデータが、ワークシート「渋谷」の5～7行目のB行とD行の各セルにそれぞれ意図通り転記されたことが確認できます。

先頭の予約データの5つのセルのデータが転記された

	A	B	C	D	E	F
1			店舗用予約表			
2						
3					店舗	渋谷
4						
5	顧客名	井本 由美	来店日	2018/6/15	備考	
6	予約番号	1	人数	4		
7			コース	Cコース		
8	顧客名		来店日		備考	
9	予約番号		人数			
10			コース			
11	顧客名		来店日		備考	
12	予約番号		人数			
13			コース			
14	顧客名		来店日		備考	
15	予約番号		人数			
16			コース			
17	顧客名		来店日		備考	
18	予約番号		人数			
19			コース			
20	顧客名		来店日		備考	
21	予約番号		人数			
22			コース			
23	顧客名		来店日		備考	
24	予約番号		人数			
25			コース			
26	顧客名		来店日		備考	
27	予約番号		人数			
28			コース			
29						

予約 | 予約表ひな形 | 渋谷

順次では命令文を書く順番に注意！

本節で追加したコードも、各セルを転記する5つの命令文が上から並んでおり、順次の処理の流れになります。前節までに記述したコードも同様に順次です。この時点でのSubプロシージャ「予約表作成」には計8個の命令文を記述しており、処理の流れはすべて順次になります。

順次の処理の流れは「命令文が上から順に実行される」と単純ですが、命令文を書く順番には注意が必要です。これら8個の命令文のうち、たとえば1つ目の命令文では、ひな形のワークシート「予約表ひな形」をコピーしています。もし、この命令文より前に、ワークシート名の設定や店舗の転記、予約データの転記の命令文を書いてしまうと、操作対象のワークシートが存在しないのに処理しようとするので、実行時エラーになってしまいます。

一方、本節で追加した予約データ転記の5つの命令文は、いずれもどの順番で実行しても問題ない処理なので、命令文を書く順番は任意で構いません。

このように順次では、命令文を記述する順番を誤ると、意図通り動作しない処理が一部あります。あたりまえと言えばあたりまえかもしれませんが、セオリーとして常に注意するよう心がけましょう。

＼Column／

もしワークシートを指定せずにコードを書いたら？

本節で記述した転記の5つのコードを含め、セルを処理するコードはいずれも、セルの前に親オブジェクトとして、ワークシートのオブジェクトを指定しています。もし、ワークシートのオブジェクトを指定しないと、どのワークシートのセルなのかが曖昧になってしまい、プログラムが意図通り動作しなくなる恐れが格段に高まってしまいます。

そのようなトラブルを避けるため、異なるワークシートをまたいでセルを処理するコードは、ワークシートのオブジェクトを親オブジェクトとして、忘れずに指定してください。確かに記述はメンドウであり、記述しなくても問題なく動作するケースもありますが、あとで機能の追加・変更のためコードを編集した際などで、トラブルが発生した場合の対応の労力と時間ははるかに少なく済みます。このこともVBAのプログラミングのコツの1つです。

なお、ワークシートのオブジェクトを指定しないと、現在表示中のワークシートのセルと見なされます。どのワークシートが現在表示中になるのかは、ユーザーの操作やメソッドの“クセ”などによって変わるものです。たとえば、ワークシートのCopyメソッドを実行すると、コピーしてできたワークシートが自動的に表示中となります。このように不確定要素が大きいので、親オブジェクトとしてワークシートを忘れずに指定しましょう。

また、そのようなルールゆえに、1つのワークシートのセルしか使わないプログラムなら、ワークシートのオブジェクトを親オブジェクトに指定しなくても問題ありません。

Chapter 04

C2セルの店舗の予約データのみを転記するには

C2セルとC5セルが同じ店舗なら転記する

本書サンプル「予約管理」は前節までに、Chapter03-06で【切り口1】～【切り口3】で段階分けしたなかで、どの店舗か関係なく、1件の予約データを無条件に転記する処理までを作成しました。本節から、ワークシート「予約」のC2セルに入力された店舗のみ、予約データを1件転記するようプログラムを発展させていきます。

そのような処理を作るには、どうすればよいでしょうか？　ワークシート「予約」の予約データの表では、店舗のデータはC列（C5～C30セル）に格納されているのでした。現時点では先頭の1件の予約データのみを対象としているので、先頭（5行目）のC5セルの店舗のみが対象となります。目的のようにプログラムを発展させるには、そのC5セルの店舗が、C2セルに入力された店舗と同じなら転記するよう、コードを追加・変更すればよさそうです。

そのような処理を作るには、Chapter02-02で登場した分岐の仕組みを使います。VBAには分岐のための仕組みとして、**Ifステートメント**が用意されています。さっそくIfステートメントの基本を学びたいところですが、その前に、Ifステートメントを使う際に欠かせない**比較演算子**という仕組みを次節から学びます。Ifステートメントによる分岐のコードは、条件を式として記述するよう決められており、その条件式は比較演算子を用いて記述します。

分岐の仕組みを使って目的の処理を実現

ワークシート「予約」

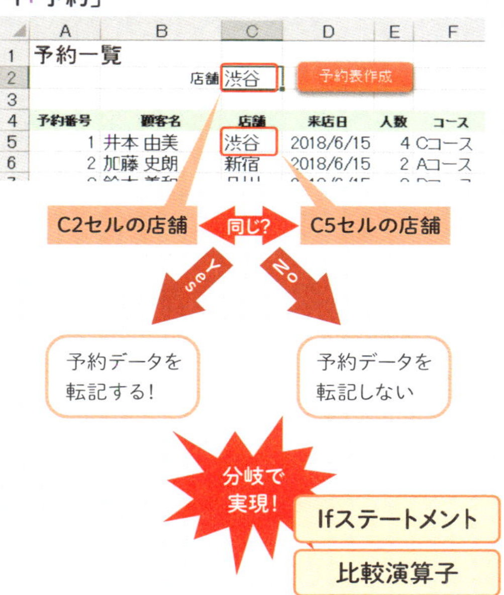

Chapter 04

分岐の条件の記述に欠かせない「比較演算子」

 2つの値を比較した結果を返す演算子

比較演算子とは、2つの値を比較し、成立するか判定する演算子です。比較演算子には複数種類があり、たとえば2つの値が等しいかどうかなどを判定できます。主な比較演算子は右ページの表の通りです。これらはワークシートのセルで使う**IF関数**や**SUMIFS関数**などで、条件を指定する際に用いる比較演算子と同じです。

比較演算子の書式は右図の通りです。比較したい2つの値を比較演算子の左辺と右辺に、それぞれ半角スペースを挟んで記述します。この書式がそのまま条件式になり、成立するかどうかを判定します。厳密には、条件式が成立するならTrue、成立しないならFalseを返します。Trueの厳密な定義はともかく、「成立する」や「Yes」のように捉えておけば、実用上は問題ありません。ちなみに日本語の専門用語では、「真」(しん)と言われます。FalseはTrueの逆であり、「成立しない」や「No」のように捉えておけばOKです。日本語の専門用語では「偽」(ぎ)と呼ばれます。

比較演算子で注意が必要なのは、等しいかどうかを判定する「=」です。代入と同じ「=」になります。つい混同しがちですが、ひとまずは「記述された場所はIfステートメントの条件式の部分(Chapter04-08で解説)なら比較演算子、それ以外の場所なら代入」とおぼえておけば区別でき、使い分けられるようになるでしょう。

比較演算子の概念と書式

★書式

値1 比較演算子 値2

成立する → True

成立しない → False

⊙主な比較演算子

演算子	意味
=	左辺と右辺が等しい
<>	左辺と右辺が等しくない
>	左辺が右辺より大きい
>=	左辺が右辺以上
<	左辺が右辺より小さい
<=	左辺が右辺以下

⊙例

条件式	返す値（判定結果）
1 = 1	True
1 <> 1	False
1 > 2	False
2 >= 2	True
1 < 2	True
2 <= 1	False

Chapter 04 07 比較演算子を体験しよう！

 練習用プロシージャを用意

前節で比較演算子の基礎を学んだところで、練習用の簡単なコードを記述・実行することで体験してみましょう。

体験のコードはSubプロシージャ「予約表作成」ではなく、別途設けたSubプロシージャに記述するとします。名前は何でもよいのですが、今回は「test」とします。では、Subプロシージャ「予約表作成」の下に、以下のようにSubプロシージャ「test」の“枠組み”だけを追加で記述してください。

```
Sub test()


End Sub
```

このSubプロシージャ「test」の中に、比較演算子の体験用のコードを記述します。実行方法ですが、Subプロシージャ「予約表作成」のように、図形にマクロとして登録しないので、VBE上から直接実行します。Subプロシージャ「test」の中のいずれかの場所でカーソルが点滅した状態で、VBEの［Sub/ユーザーフォームの実行］ボタンをクリックで実行します。

Subプロシージャ「test」を別途設けて比較演算子を体験

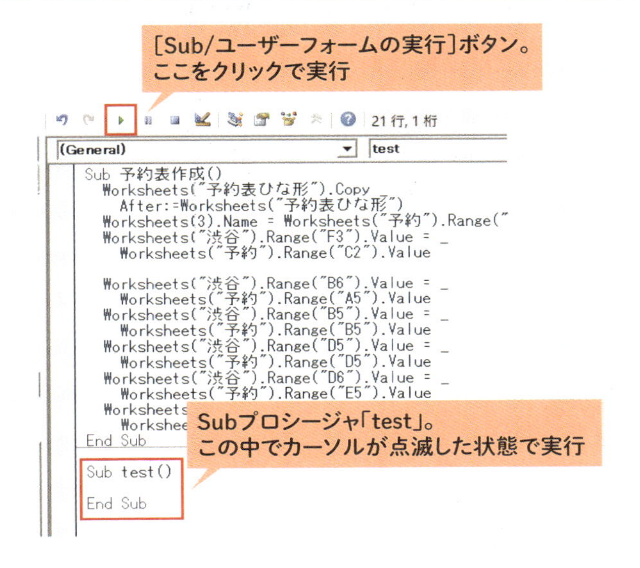

なぜ、体験用にSubプロシージャを別途用いるのかは、Chapter07-12で改めて解説します。

数値の比較を体験しよう

それでは、比較演算子の体験を始めましょう。今回は比較演算子を使って条件式を記述し、その判定結果をVBA関数の**MsgBox**関数によってメッセージボックスに表示するとします。比較演算子は条件式が成立すればTrue、成立しなければFalseが返されるので、それらがメッセージボックスに表示されることになります。

最初は、等しいかどうかを比較する「=」を体験します。まずは左辺も右辺も数値を直接記述してみます。数値は両辺とも5とします。すると、条件式のコードは以下になります。

```
5 = 5
```

この条件式をMsgBox関数の引数に指定します。そのコードをSubプロシージャ「test」に記述してください。

```
Sub test()
  MsgBox 5 = 5
End Sub
```

さっそく実行してみましょう。Subプロシージャ「test」の中でカーソルが点滅した状態で、VBEのツールバーの［Sub/ユーザーフォームの実行］ボタンをクリックしてください。すると、次の画面のようにメッセージボックスに「True」が表示されます。

メッセージボックスに「True」が表示された

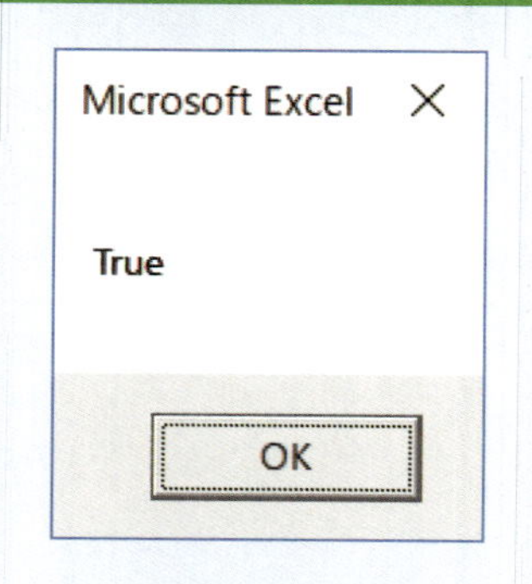

条件式は「=」の両辺に数値の5を記述しています。両辺は同じ数値であり、等しいので条件式は成立するため、判定結果としてTrueが得られました。

続けて、条件式の右辺を4に変更してください。

```
Sub test()
  MsgBox 5 = 4
End Sub
```

実行すると、メッセージボックスに「False」が表示されます。今度は両辺が等しくなくなったので、条件式は成立しないため、判定結果としてFalseが返されました。

メッセージボックスに「False」が表示された

余裕があれば、「>」をはじめ他の比較演算子もいろいろ試してみるとよいでしょう。

 セルの値を使った比較を体験しよう

先ほどの体験では、比較演算子「=」の両辺に数値を記述しましたが、比較演算子の基礎の基礎を体験するためのコードであり、通常はそのような使い方はしません。よくあるパターンが、セルの値が指定した数値と等しいかという比較であり、その場合は左辺か右辺のいずれかにセルのValueプロパティを記述します。

そのパターンも体験してみましょう。今回はワークシート「予約」のE5セルに入っている人数を使うとします。その人数の数値が4と等しいか比較してみましょう。その体験のコードは以下になります。

「=」の左辺に同セルのValueプロパティを記述しています（変更箇所は赤字の部分です）。

```
Sub test()
  MsgBox Worksheets("予約").Range("E5").Value = 4
End Sub
```

実行すると、メッセージボックスに「True」が表示されます。ワークシート「予約」のE5セルには現在、数値の4が入っているので「4＝4」となり、等しいと判定されてTrueが返されます。

続けて、「=」の右辺を5に変更してください。

```
Sub test()
  MsgBox Worksheets("予約").Range("E5").Value = 5
End Sub
```

実行すると、今度は両辺の数値が等しくなくなるので、メッセージボックスに「False」が表示されます。

今回の体験では、「=」の右辺は数値を直接記述しましたが、右辺もセルのValueプロパティを記述すれば、指定した2つのセルの値が等しいか判定できます。もちろん、他の演算子を使えば、値の大小なども比較して判定できます。

なお、比較演算子「=」は両辺が等しいかどうかを比較するので、両辺を入れ替えて記述しても問題なく判定できます。等しくないか比較する「<>」も同様です。逆に、左辺が右辺より大きいかを判定する「>」など、大小を判定する比較演算子の場合、両辺を入れ替えて記述すると、正しく判定できなくなるので注意してください。

文字列の比較も体験しよう

比較演算子「=」は文字列を比較することも可能です。両辺に記述した文字列が等しければTrue、等しくなければFalseを返します。では、体験として、ワークシート「予約」のA1セルが文字列「予約一覧」と等しいか判定してみましょう。コードは以下になります。「=」の左辺にはA1セルのValueプロパティ、右辺には文字列「予約一覧」を直接記述します（変更箇所は赤字の部分です）。

```
Sub test()
  MsgBox Worksheets("予約").Range("A1").Value = "予約一覧"
End Sub
```

実行すると、メッセージボックスに「True」が表示されます。ワークシート「予約」のA1セルには現在、文字列「予約一覧」が入っているので、右辺の文字列「予約一覧」と等しいと判定されてTrueが返されます。

次に右辺を文字列「Excel」に変更してみましょう。

```
Sub test()
  MsgBox Worksheets("予約").Range("A1").Value = "Excel"
End Sub
```

実行すると、今度は両辺の文字列が等しくなくなるので、メッセージボックスに「False」が表示されます。

比較演算子の体験は以上です。

Chapter 04

Ifステートメントによる分岐の基礎を学ぼう

条件式が成立する/しないで処理を実行

比較演算子の基礎を学び、体験もしたところで、次はIfステートメントの基礎を学びましょう。

Ifステートメントには分岐のパターンによって、大きく分けて3種類が用意されています。もっとも基本的なパターンは「条件が成立する場合のみ処理をする」というものです。

1つ目のパターンの書式は右図上です。**If**の後ろに半角スペースを挟み、条件式を記述します。続けて再度半角スペースを挟み、**Then**を記述します。最後は**End If**で閉じます。そして、Ifステートメントの中（「If 条件式 Then」と「End If」の間）に、条件式が成立する場合に実行したい処理の命令文を記述します。複数の命令文を記述することもできます。

この書式に沿って記述すると、指定した条件式が成立したら、If以下に入り、そこに記述した命令文が実行されます。条件式が成立しなければ、If以下には入らず、何も実行されません。

2つ目のパターンの書式は右図下です。1つ目のパターンとの大きな違いは、条件式が成立しない場合は別の処理を実行できる点です。この書式に沿って記述すると、指定した条件式が成立したら、If以下に入り、そこに記述した命令文が実行されます。Else以下に入り、そこに記述した命令文が実行されます。

Ifステートメントの2つのパターン

★1つ目のパターンの書式

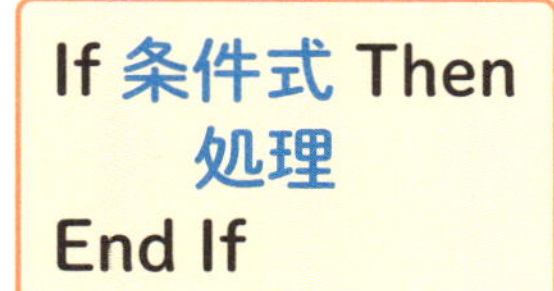

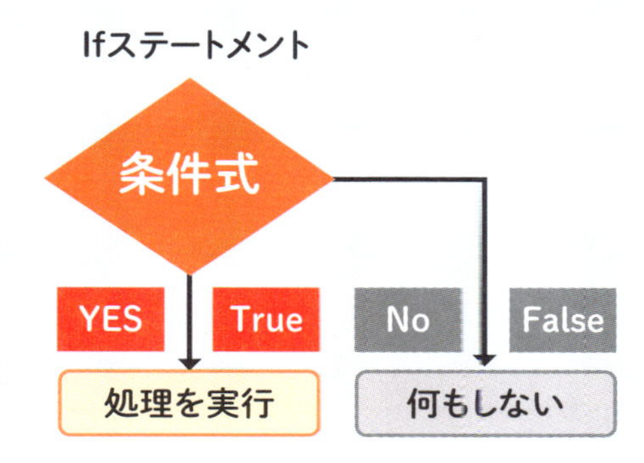

★2つ目のパターンの書式

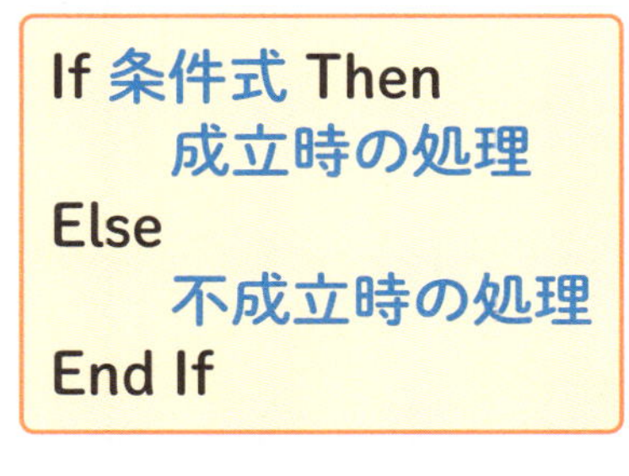

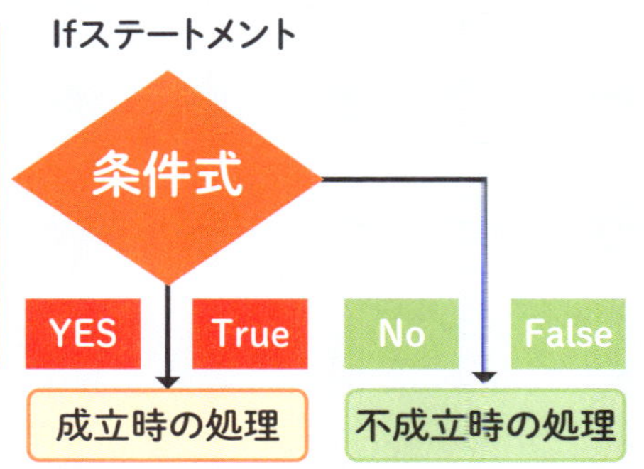

Ifステートメントの中のコードは、通常はインデントして記述します。「If　条件式　Then」と「Else」と「End　If」の境界をインデントによって際だたせることで、Ifステートメントの中に記述された処理であることを、ひと目でわかるようにするためです。なお、Ifステートメントの3つ目のパターンは複数の条件式を用いるものです。119ページのコラムで簡単に紹介します。

Chapter 04

Ifステートメントを体験しよう

1つ目のパターンを体験

前節でIfステートメントの基礎を学んだところで、練習用の簡単なコードを記述・実行することで体験してみましょう。体験のコードはChapter04-07の比較演算子と同じく、Subプロシージャ「test」に記述します。

最初に、Ifステートメントの1つめのパターンを体験しましょう。以下のような処理のコードを記述するとします。

> ワークシート「予約」のE5セルの値が4と等しければ、メッセージボックスに文字列「Yes」と表示する

まずは条件式を考えましょう。上記の条件は「ワークシート『予約』のE5セルの値が4と等しければ」の部分です。この条件を式にすると、等しいかどうかを判定する比較演算子「=」を使い、「Worksheets("予約").Range("E5").Value = 4」となります。ちょうどChapter04-07の体験で記述した条件式と同じです。

この条件式が成立する場合の処理は「メッセージボックスに文字列「Yes」と表示する」なので、コードは「MsgBox "Yes"」です。以上をまとめると、目的のIfステートメントは以下になります。

```
  If Worksheets("予約").Range("E5").Value = 4 Then
    MsgBox "Yes"
  End If
```

上記コードをSubプロシージャ「test」の中に記述して実行すると、メッセージボックスに「Yes」と表示されます。

メッセージボックスに「Yes」が表示された

ワークシート「予約」のE5セルには現在、数値の4が入っているので、条件式が成立します。すると、If以下に入り、MsgBox関数のコードが実行されるので、このような結果となったのです。

ここで、条件式をちょっと変えてみましょう。「=」の右辺を4から5に変更してください。

```
Sub test()
  If Worksheets("予約").Range("E5").Value = 5 Then
    MsgBox "Yes"
  End If
End Sub
```

実行すると、何も表示されません。今度は条件式が成立しないので、If以下には入らず、命令文は何も実行されないため、このような結果になったのです。

Ifステートメントの1つ目のパターンの体験

ワークシート「予約」

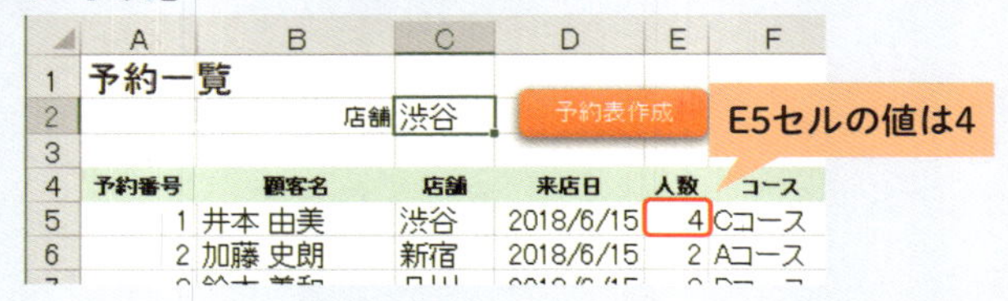

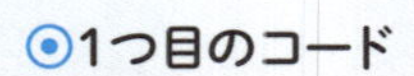

条件式：E5セルの値が4と等しい？

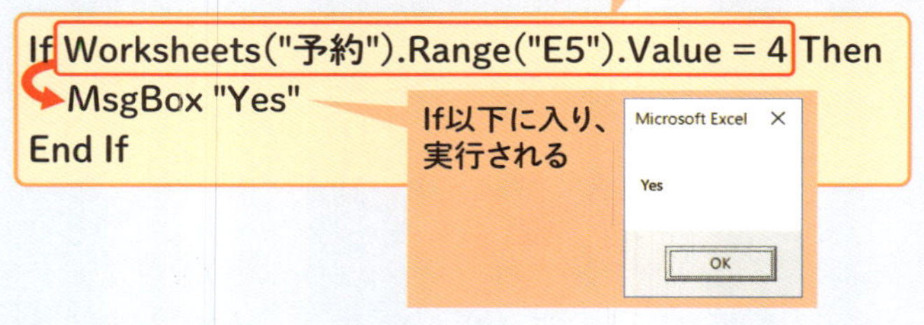

◉2つ目のコード

条件式：E5セルの値が5と等しい？

```
If Worksheets("予約").Range("E5").Value = 5Then
    MsgBox "Yes"
End If
```

If以下に入らず、
実行されない

文字列を比較する例を体験

続けて、以下のようなコードを記述してみましょう。

ワークシート「予約」のA1セルの値が文字列「予約一覧」と等しければ、メッセージボックスに文字列「Yes」と表示する先ほどとの違いは条件式です。A1セルが対象になり、かつ、数値ではなく、文字列と等しいかどうかを判定することになります。その条件式はちょうど、Chapter04-07の体験した「Worksheets("予約").Range("A1").Value = "予約一覧"」と同じです。この条件式を用いると、目的のIfステートメントは下記になります（変更箇所は赤字の部分です）。

```
Sub test()
  If Worksheets("予約").Range("A1").Value = "予約一覧" Then
    MsgBox "Yes"
  End If
End Sub
```

Subプロシージャ「test」に記述して実行すると、メッセージボックスに「Yes」と表示されます。

メッセージボックスに「Yes」が表示された

ワークシート「予約」のA1セルには現在、文字列「予約一覧」が入っているので、条件式が成立します。すると、If以下に入り、MsgBox関数のコードが実行されるので、このような結果となったのです。

ここで、条件式をちょっと変えてみましょう。「=」の右辺の「"」の中を「予約一覧」から「Excel」に変更してください。

```
Sub test()
  If Worksheets("予約").Range("A1").Value = "Excel" Then
    MsgBox "Yes"
  End If
End Sub
```

実行すると、何も表示されません。今度は条件式が成立しないので、If以下には入らず、命令文は何も実行されないため、このような結果になったのです。

2つ目のパターンを体験

次は、Ifステートメントの2つ目のパターンの体験です。以下のようなコードを記述してみましょう。

> ワークシート「予約」のA1セルの値が文字列「予約一覧」と等しければ、メッセージボックスに文字列「Yes」と表示する。等しくなければ、メッセージボックスに文字列「No」と表示する

条件は先ほどと同じです。違うのは、E5セルが文字列「予約一覧」と等しくない場合――つまり、条件が成立しない場合の処理が加わっていることです。条件が成立しない場合に異なる処理を実行するには、Elseを追加して、Else以下にその処理のコードを記述すればよいのでした。

```
Sub test()
  If Worksheets("予約").Range("A1").Value = "予約一覧" Then
    MsgBox "Yes"
  Else
```

```
    MsgBox "No"
  End If
End Sub
```

実行すると、メッセージボックスに「Yes」と表示されます。

メッセージボックスに「Yes」が表示された

ワークシート「予約」のA1セルの値は文字列「予約一覧」です。条件式が成立するので、If以下に入り、「MsgBox "Yes"」が実行されたからです。

続けて、ワークシート「予約」のA1セルの値を「VBA」に変更し、再び実行してください。すると、今度は「No」と表示されます。

メッセージボックスに「No」が表示された

今度は条件式が成立しないので、Else以下に入り、「MsgBox "No"」が実行されたため、「No」と表示されたのです。

Ifステートメントの2つ目のパターンの体験

⦿A1セルの値が「予約一覧」の場合

ワークシート「予約」

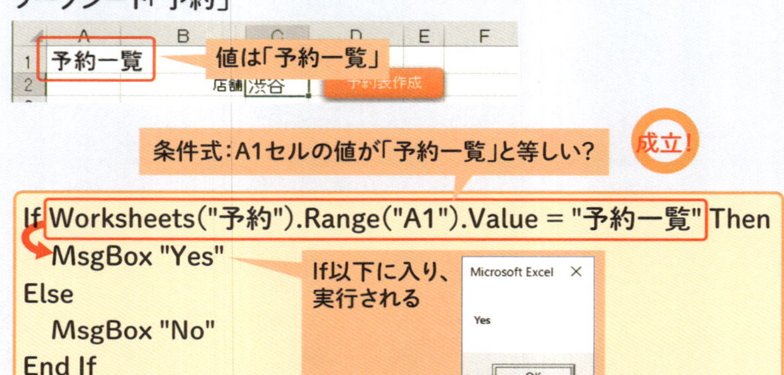

⦿A1セルの値が「VBA」の場合

ワークシート「予約」

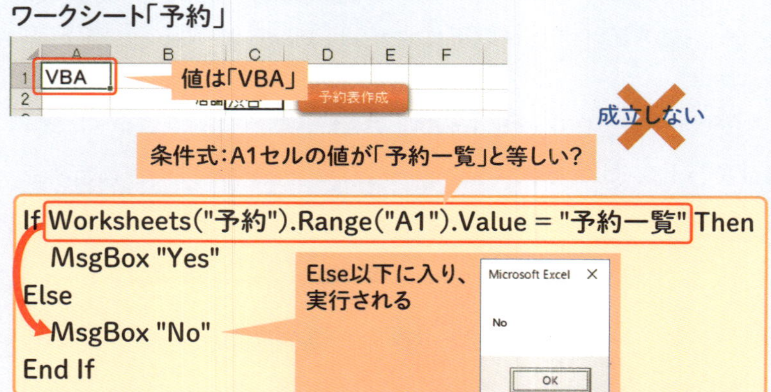

Ifステートメントの体験は以上です。では、ワークシート「予約」のA1セルの値を元の「予約一覧」に戻し、次節へ進んでください。

A1セルの値を「予約一覧」に戻す

ワークシート「予約」

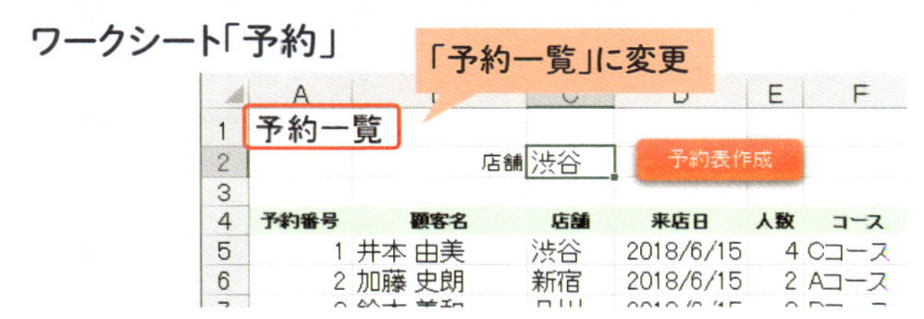

Column

Ifステートメントの3つ目のパターン

3つ目は条件式が2つ以上となるパターンです。複数の条件で分岐したい場合に使います。2つ目以降の条件式は「ElseIf」の後ろに記述します。各条件式が上から順に評価され、成立すれば以下の処理が実行されます。どの条件式も成立しなければ、Else以下が実行されます。

書式

```
If 条件式1 Then
   処理1
ElseIf 条件式2 Then
   処理2
ElseIf 条件式3 Then
   処理3
        :
        :
Else
   処理
End If
```

Chapter 04

C2セルの店舗の予約データだけを1件転記しよう

必要な分岐のコードを考えよう

Ifステートメントを体験し、使い方を大まかに把握したところで、さっそくサンプル「予約管理」に使ってみましょう。現在はChapter04-04にて、ワークシート「予約」の表の先頭の1件の予約データを店舗に関係なく、無条件に転記する処理まで作成しました。そのプログラムを本節にて、Chapter04-05で考えたように、Ifステートメントによる分岐の仕組みを用いて、ワークシート「予約」のC2セルに入力された店舗の予約データのみ、1件転記するよう発展させます。

そのような処理のために用いるIfステートメントは、条件式をどう記述すればよいでしょうか？　その条件式は、ワークシート「予約」のC2セルに入力された店舗の予約データかどうかを判定できればよいことになります。予約データはワークシート「予約」のA～F列の5行目以降に入力されているのでした。そして、今の段階では、1件目（表の先頭）である5行目の予約データを転記するのでした。その予約データがどの店舗のものなのかは、C列「店舗」の先頭であるC5セルに入力されている店舗を見ればわかります。

したがって目的の条件式は、ワークシート「予約」のC2セルの店舗と、ワークシート「予約」のC5セルの店舗が等しいか判定する式になります。具体的な条件式は以下になります。1行のコードが長いので、比較演算子「=」の後ろで、「 _」で改行するとします。

```
Worksheets("予約").Range("C2").Value = _
    Worksheets("予約").Range("C5").Value Then
```

この条件式をIfステートメントに用います。そして条件式が成立する場合のみ、予約データを1件転記する処理を実行するよう、Ifステートメントの中に記述すればよいことになります。

条件式

```
If Worksheets("予約").Range("C2").Value = _
    Worksheets("予約").Range("C5").Value Then
    予約データを1件転記する処理
End If
```

予約データを1件転記する処理とは、Chapter04-04で追加した5つの命令文です。「予約番号」、「顧客名」、「来店日」、「人数」、「コース」の各セルを、RangeオブジェクトのValueプロパティの代入によって転記するコードになります。

C2セルの店舗のみ転記するようコードを発展

これで、必要なIfステートメントが考えられたので、コードをどのように発展させればよいかわかりました。では、Subプロシージャ「予約表作成」のコードを追加・変更しましょう。予約データを1件転記する5つの命令文をそのまま、「If 条件式 Then」と「End If」で上下から挟むよう、コードを追加・変更することになります。

Ifステートメントの中はインデントするとします。その際、該当のコードをドラッグして選択し、Tabキーを押せば、複数行のコードをまとめてインデントできます。Shift+Tabキーでインデントを戻せます。

追加・変更前

```
Sub 予約表作成()
  Worksheets("予約表ひな形").Copy _
    After:=Worksheets("予約表ひな形")
  Worksheets(3).Name = Worksheets("予約").Range("C2").Value
  Worksheets("渋谷").Range("F3").Value = _
    Worksheets("予約").Range("C2").Value

  Worksheets("渋谷").Range("B6").Value = _
    Worksheets("予約").Range("A5").Value
  Worksheets("渋谷").Range("B5").Value = _
    Worksheets("予約").Range("B5").Value
  Worksheets("渋谷").Range("D5").Value = _
    Worksheets("予約").Range("D5").Value
  Worksheets("渋谷").Range("D6").Value = _
    Worksheets("予約").Range("E5").Value
  Worksheets("渋谷").Range("D7").Value = _
    Worksheets("予約").Range("F5").Value
End Sub
```

追加・変更後

```
Sub 予約表作成()
  Worksheets("予約表ひな形").Copy _
    After:=Worksheets("予約表ひな形")
  Worksheets(3).Name = Worksheets("予約").Range("C2").Value
  Worksheets("渋谷").Range("F3").Value = _
    Worksheets("予約").Range("C2").Value

  If Worksheets("予約").Range("C2").Value = _
    Worksheets("予約").Range("C5").Value Then
    Worksheets("渋谷").Range("B6").Value = _
      Worksheets("予約").Range("A5").Value
    Worksheets("渋谷").Range("B5").Value = _
```

インデント

インデント

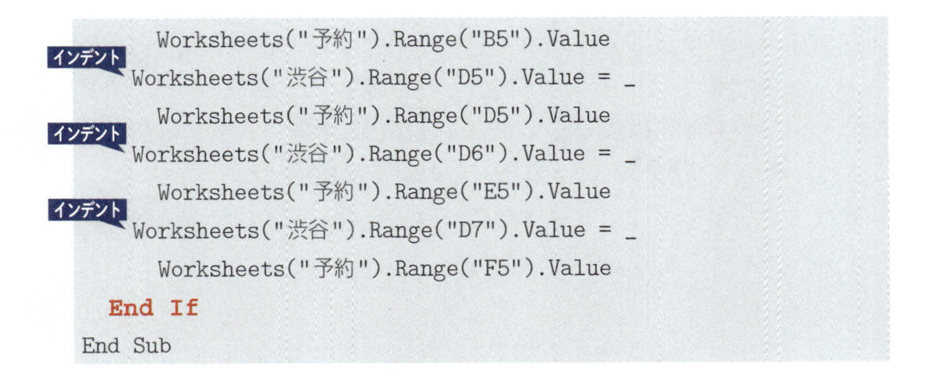

```
        Worksheets("予約").Range("B5").Value
インデント
      Worksheets("渋谷").Range("D5").Value = _
        Worksheets("予約").Range("D5").Value
インデント
      Worksheets("渋谷").Range("D6").Value = _
        Worksheets("予約").Range("E5").Value
インデント
      Worksheets("渋谷").Range("D7").Value = _
        Worksheets("予約").Range("F5").Value
    End If
End Sub
```

追加・変更できたら動作確認しましょう。［予約表作成］ボタンをクリックして実行してください。

［予約表作成］ボタンをクリックして実行

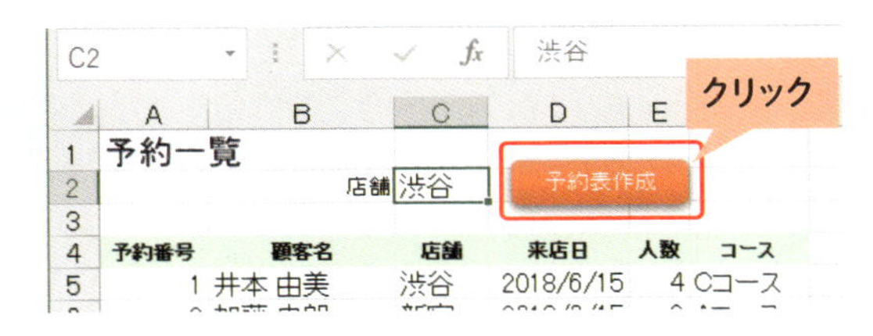

すると、予約データが1件転記されます。

先頭の予約データが1件転記された

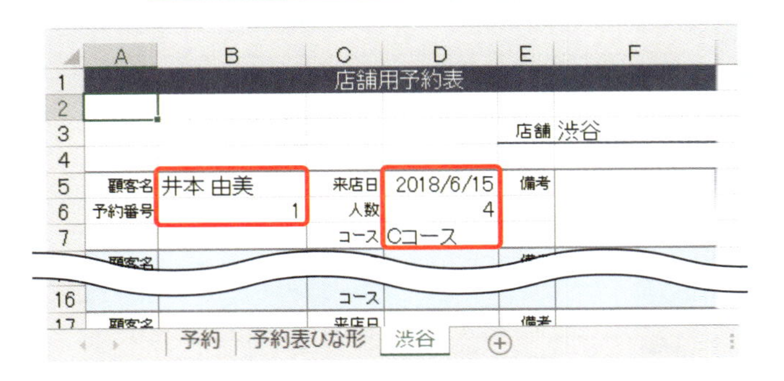

ワークシート「予約」のC2セルには店舗として「渋谷」が入力されており、先頭の予約データのC5セルの店舗は「渋谷」なので、両者は等しいため条件式は成立します。よって、If以下に入り、転記を行う5つの命令文が実行されたので、このような結果になったのです。

次に、ワークシート「予約」のC2セルの値を「渋谷」から「新宿」に変更してみましょう。変更できたら、実行してみましょう。

C2セルを「新宿」に変更して再び実行

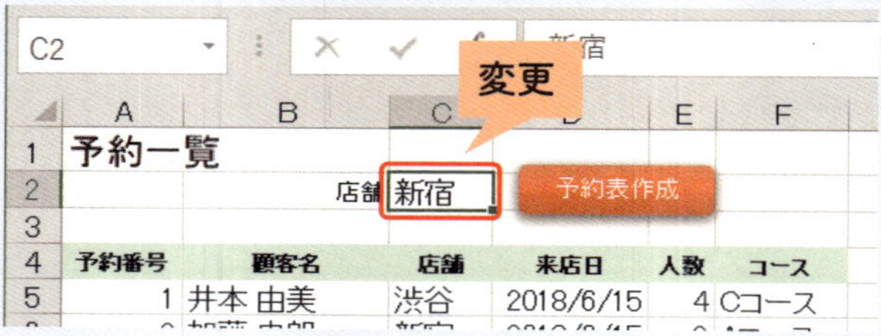

変更

すると、今度はワークシート「予約表ひな形」がコピーされて、なおかつ、そのワークシートの名前が「新宿」に設定されますが、予約データは転記されません。

予約データは何も転記されない

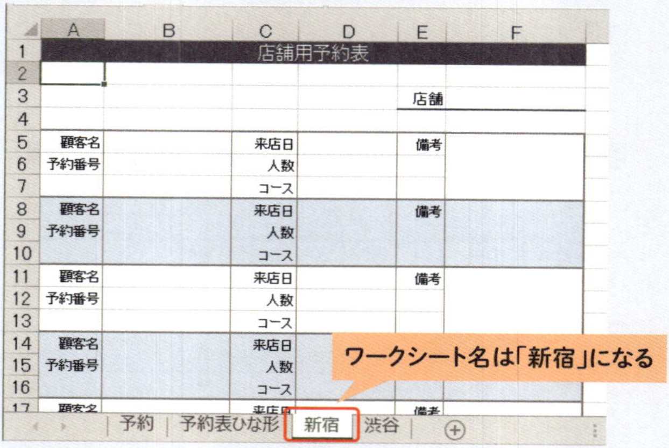

ワークシート名は「新宿」になる

ワークシート「予約」のC2セルは「新宿」に変更したため、先頭の予約データのC5セルの店舗「渋谷」とは等しくなくなり、条件式は成立しません。よって、If以下には入らず、転記を行う5つの命令文は実行されません。

もっとも現時点でのコードでは、転記の命令文は5つとも、転記先（「=」の左辺）のワークシートは「Worksheets("渋谷")」で固定されているので、仮にIf以下に入っても、ワークシート「渋谷」に転記されることになります。同じ理由で、ワークシート「新宿」ではなく、ワークシート「渋谷」のF3セルに店舗名「新宿」が転記される結果となります。ちゃんとワークシート「新宿」に転記されるよう発展させるのは、Chapter07-09で取り組みます。

これでワークシート「予約」のC2セルに入力された店舗の予約データのみ、1件転記するようコードを発展させることができました。これがIfステートメントによる分岐の実践的な使い方の一例です。C2セルに入力された店舗という条件に応じて、予約データを転記する/しないという処理の流れを制御したことになります。

では、動作確認で作成されたワークシート「渋谷」と「新宿」をともに削除し、かつ、ワークシート「予約」のC2セルの値を「渋谷」に戻して、次節へ進んでください。

Chapter 04

分岐の処理の動作確認はこの2点に注意！

条件が成立しない場合も忘れずに

Ifステートメントによる分岐の処理を動作確認する際、適切に実施するため、次の2点を注意してください。

1点目は、条件が成立しない場合も必ず確認することです。Ifステートメントの1つ目のパターンを用いたプログラムなら、条件が不成立の際にIf以下に入らず、何も実行されないことを確認します。前節では最後に行った動作確認にて、ワークシート「予約」のC2セルを一時的に変更し、不成立の場合の動作確認を行いました。このような不成立時の動作確認を怠ると、たとえば、実は条件式が誤っていて、成立しないはずなのに成立してしまい、If以下の処理が想定外に実行されてしまうなどの不具合を見逃すことになってしまいます。

Ifステートメントの2つ目のパターンを用いたプログラムなら、条件が成立しない場合はElse以下に入り、そこに記述した命令文が正しく動作するか確認します。このような動作確認を怠ると、条件式の誤りに加え、たとえば、実は不成立時に実行する命令文が誤っていたなどの不具合を見逃すことになります。

条件が成立しない場合の動作確認はついつい忘れがちなのですが、怠ると動作確認が不十分のままとなってしまい、あとでトラブルが表面化するので気をつけましょう。

条件が不成立時の動作確認はここをチェック

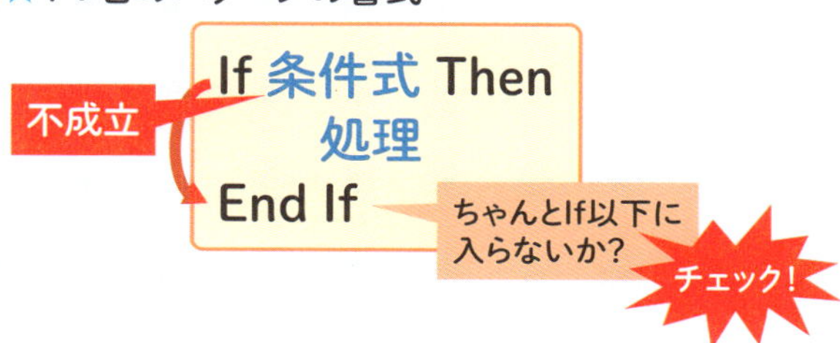

★2つ目のパターンの書式

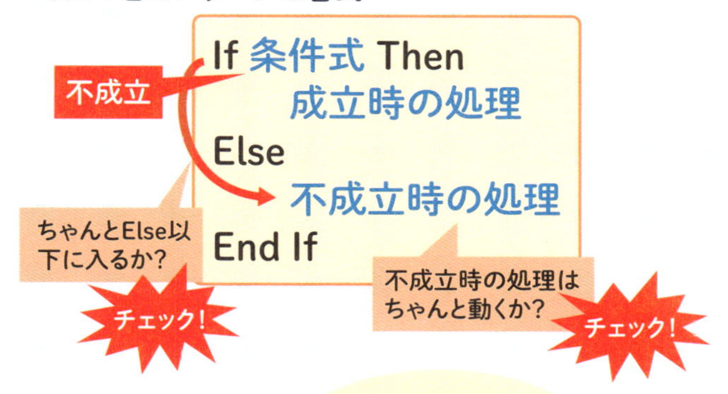

つい忘れがちだけど、
ちゃんと動作確認して
おくと、あとあとトラブ
ルを防げるよ！

条件式に用いるデータを事前に把握

2点目は、条件式に用いるデータを事前にちゃんと把握したうえで、得られるはずの結果を明確化しておくことです。どういうことかというと、たとえば前節では右図のように、ワークシート「予約」のC2セルの店舗と、ワークシート「予約」のC5セルの店舗が等しいか判定する条件式を記述しました。

動作確認の際、ワークシート「予約」のC2セルに現在入力されている店舗が何か、および、C5セルに入っている店舗が何か、実行前に把握しておく必要があります。そして、もし同じ店舗が入っていると把握したら、条件式が成立し、If以下に入って予約データが転記されるはずだと想定されます。本当にそうなるのか、実際に実行して確かめます。逆にC2セルとC5セルに異なる店舗が入っていると把握したら、条件式が成立せず、If以下には入らず予約データは転記されないはずなので、本当にそうなるのか、実行して確かめます。

このように条件式で用いている2つのセルの現在の値を事前に確かめ、条件が成立するケースなのか成立しないケースなのか、きちんと把握してから動作確認する必要があります。そうしないと、得られた結果が正しいのか正しくないのかわからなくなり、動作確認が適切に行えなくなってしまいます。

同様にセルを転記する処理も、転記元のセルの場所や値、転記先のセルの場所を事前に確かめておくなど、適切に動作確認するための把握は欠かせません。把握の際、処理がフクザツになってくると、頭の中だけで考えると混乱しがちなので、紙に手書きでよいので、見える化して整理するとよいでしょう。

分岐の動作確認は事前の準備がキモ

分岐の処理

条件式

```
If Worksheets("予約").Range("C2").Value = _
  Worksheets("予約").Range("C5").Value Then
    予約データを1件転記
End If
```

実際のデータ

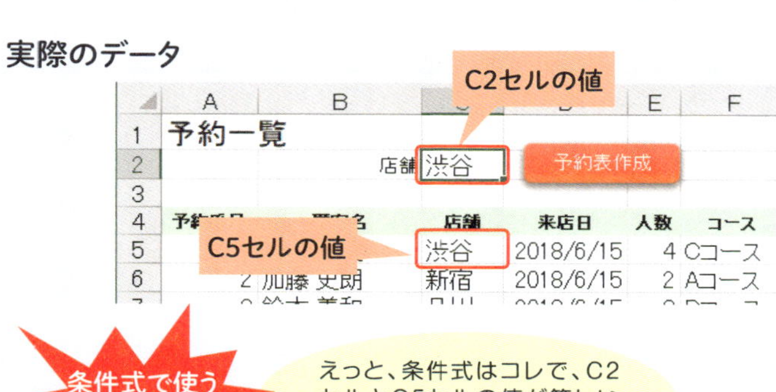

条件式で使うデータを事前に把握！

えっと、条件式はコレで、C2セルとC5セルの値が等しいか判定するんだな。

得られるはずの結果を事前に明確化！

実際のデータは現在、C2セルが「渋谷」で、C5セルが「渋谷」だね。等しいから、条件式は成立するよな。ってことは、If以下が実行されて、予約データが1件転記されるハズだよね。

よしっ、ちゃんと予約データが転記されたぞ！動作確認OK!!

動作確認

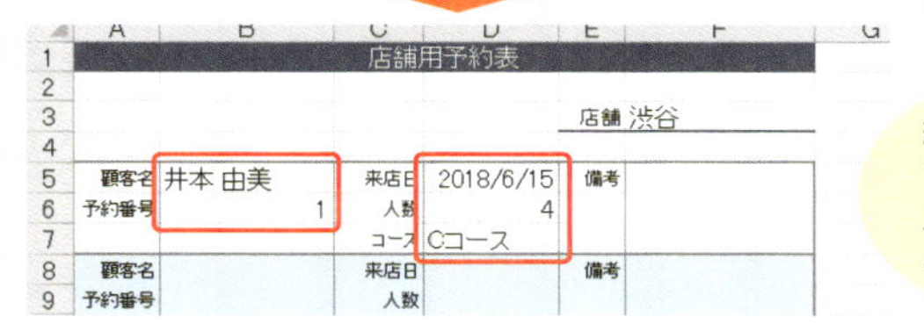

紙に手書きでいいから見える化しよう!!

Chapter 04

コードをより見やすく、わかりやすくするには

インデントや空の行、「コメント」機能を活用

ここまでに記述したコードでは**インデント**、「 _」による命令文の途中での**改行**を適宜行ってきました。これらは行わなくても、プログラムは問題なく動作しますが、コードをより見やすく、わかりやすくするために行ってきました。

同様に、Chapter04-04では、予約データを転記する処理の命令文を追加する際、空の行を挟みました。この目的も同じく、コードをより見やすく、わかりやすくするためです。コードが何行も連続して記述されていると、見づらく、わかりにくくなるものです。しかし、処理の区切りのよいところなど、途中に空の行を入れると見やすさとわかりやすさがアップします。以降の処理を記述していく際や、完成後に機能を追加・変更するため編集する際、作業の効率と正確性が大幅に向上するのでオススメです。

コードの見やすさとわかりやすさをアップする他の方法に、**コメント**があります。コードの中にメモを埋め込める機能です。書式は132ページの図の通りです。「'」以降はコメントと見なされ、実行時は無視されます。VBE上では緑色の文字で表示されます。コメントはコードのすぐ後ろにも、独立した行としても記述できます。

処理の意味などをコメントとして残しておけば、コードの意味がよりわかりやすくなります。たとえば次のページの下図のように、予約データを転記する5つの命令文にコメントを入れると、どのコードがどのデータを転記しているのか、ひと目でわかるようになります。

本書サンプルは本来、他の処理のコードも含めコメントを入れるべきですが、誌面の都合で割愛するとします。みなさんが自分でプログラムを作るときは、コメントをマメに入れるようにしましょう。

コードを見やすく、わかりやすくする主な手段

◉インデントと空の行で、メリハリつけて見やすく!

インデントと空の行なし

```
Sub 予約表作成()
Worksheets("予約表ひな形").Copy _
After:=Worksheets("予約表ひな形")
Worksheets(3).Name = Worksheets("予約").Range("C2").Value
Worksheets("渋谷").Range("F3").Value = _
Worksheets("予約").Range("C2").Value
If Worksheets("予約").Range("C2").Value = _
Worksheets("予約").Range("C5").Value Then
Worksheets("渋谷").Range("B6").Value = _
Worksheets("予約").Range("A5").Value
Worksheets("渋谷").Range("B5").Value = _
Worksheets("予約").Range("B5").Value
Worksheets("渋谷").Range("D5").Value = _
Worksheets("予約").Range("D5").Value
Worksheets("渋谷").Range("D6").Value = _
Worksheets("予約").Range("E5").Value
Worksheets("渋谷").Range("D7").Value = _
Worksheets("予約").Range("F5").Value
End If
End Sub
```

何だかゴチャゴチャして、
見にくいなぁ

インデントと空の行あり

```
Sub 予約表作成()
  Worksheets("予約表ひな形").Copy _
    After:=Worksheets("予約表ひな形")
  Worksheets(3).Name = Worksheets("予約").Range("C2").Value
  Worksheets("渋谷").Range("F3").Value = _
    Worksheets("予約").Range("C2").Value

  If Worksheets("予約").Range("C2").Value = _
    Worksheets("予約").Range("C5").Value Then
    Worksheets("渋谷").Range("B6").Value = _
      Worksheets("予約").Range("A5").Value
    Worksheets("渋谷").Range("B5").Value = _
      Worksheets("予約").Range("B5").Value
    Worksheets("渋谷").Range("D5").Value = _
      Worksheets("予約").Range("D5").Value
    Worksheets("渋谷").Range("D6").Value = _
      Worksheets("予約").Range("E5").Value
    Worksheets("渋谷").Range("D7").Value = _
      Worksheets("予約").Range("F5").Value
  End If
End Sub
```

Subプロシージャ内をインデント

区切りのよい箇所に空の行を挿入

Ifステートメント内をインデント

改行したコードの後半をインデント

スゴク見やすくなったね!

◉「コメント」機能でコードの意味などをメモしてわかりすく!

★コメントの書式

シングルクォーテーション

コメントの例

コメントはVBE上では緑文字で表示される

```
If Worksheets("予約").Range("C2").Value = _
  Worksheets("予約").Range("C5").Value Then
  'C2セルの店舗なら予約データを転記
  Worksheets("渋谷").Range("B6").Value = _
    Worksheets("予約").Range("A5").Value    '予約番号
  Worksheets("渋谷").Range("B5").Value = _
    Worksheets("予約").Range("B5").Value    '顧客名
  Worksheets("渋谷").Range("D5").Value = _
    Worksheets("予約").Range("D5").Value    '来店日
  Worksheets("渋谷").Range("D6").Value = _
    Worksheets("予約").Range("E5").Value    '人数
  Worksheets("渋谷").Range("D7").Value = _
    Worksheets("予約").Range("F5").Value    'コース
End If
```

転記処理全体の仕組みをメモ

どのデータを転記しているのかをメモ

繰り返しと変数のキホンを学ぼう

Chapter 05

複数の予約データを転記したい！　どうすればいい？

同じようなコードを並べても誤りではないけど……

本書サンプル「予約管理」は本章から次章にかけて、目的の店舗の予約データをすべて転記できるようプログラムを発展させていきます。本章では、そのために必要な知識のキホンを学びます。

さて、目的の店舗の予約データをすべて転記できるようにするには、今のプログラムをどう発展させればよいでしょうか？　現在は、予約データの表の先頭である5行目のみを転記しています。そこで、ごく単純に考えれば、6行目の処理は、5行目を処理するコードをコピーし、Rangeのセル番地で5行目を指定している箇所を6行目に変更すればよいでしょう。以降も同様に処理するコードを表の最後である30行目ぶんまで並べていけばよさそうです。

しかし、その方法だと、前章で記述したIfステートメントのコードが、5～30行目の計26件ぶん並べて記述されることになります。記述するだけでも大変であり、なおかつ、変更への対応に苦労するでしょう。たとえば、ワークシート名が変わったり、転記元セルや転記先セルの位置が変わったりしたら、26件ぶんのコードの該当箇所をすべて書き換えなければなりません。手間がかかる上に、記述ミスの恐れも常につきまといます。しかも、現在は予約データが26件しかありませんが、何百件、何千件と多くなると、そのぶん並べて書くのは非現実的なのは言うまでもありません。

「同じようなコードを並べる」の問題点

予約データを1件転記するコードを5～30行ぶん並べる!

5行目を転記

```
If Worksheets("予約").Range("C2").Value = _
   Worksheets("予約").Range("C5").Value Then
      5行目の予約データを1件転記
End If
```

6行目を転記

```
If Worksheets("予約").Range("C2").Value = _
   Worksheets("予約").Range("C6").Value Then
      6行目の予約データを1件転記
End If
```

6行目を処理するよう変更

⋮

30行目を転記

```
If Worksheets("予約").Range("C2").Value = _
   Worksheets("予約").Range("C30").Value Then
      30行目の予約データを1件転記
End If
```

30行目を処理するよう変更

この方法でも誤りではないが・・・

Chapter 05

大量のデータの処理は「繰り返し」を使えば効率的！

転記処理の記述は1件ぶんだけでOK!　変更もラク

前節で挙げた問題は、**繰り返し**を使えば解決できます。繰り返しはChapter02-03で解説したように、指定した処理を指定した回数だけ繰り返す仕組みです。この繰り返しを利用すれば、予約データを1件転記する処理を、予約データの表の5行目から30行目まで——つまり、26件ぶん繰り返すようなコードを記述できます。

すると、「予約データを1件転記する処理を26回繰り返せ」といったかたちのコードとなり、予約データを転記する処理を記述するのは1件ぶんだけで済むようになります。前節で挙げたごく単純な方法に比べて、コードの分量が劇的に少なく済むので、記述の手間もミスも大幅に減らせます。もし、ワークシートの名前の変更や転記元/転記先セルの移動などがあっても、コードを書き換える必要があるのは、予約データを1件転記する処理の部分だけです。その上、たとえ予約データの表が何百件、何千件に増えても、繰り返す回数をその件数に変更するだけで容易に対応できます。

VBAでは繰り返しのステートメントが何種類か用意されています。本書ではそれらの中から、**For...Next**というステートメントを使うとします。さっそく学びたいところですが、同ステートメントを使うには前提知識として、Chapter02-04で解説した**変数**が必要となります。まずは次節から、変数のキホンを学んでいきます。

繰り返しを使えば、コードの記述も変更への対応もラクになる

「繰り返し」で解決！

26回繰り返せ！

予約データを1件転記する処理を26回繰り返す

```
If Worksheets("予約").Range("C2").Value = _
   Worksheets("予約").Range("C○").Value Then
      ○行目の予約データを1件転記
End If
```

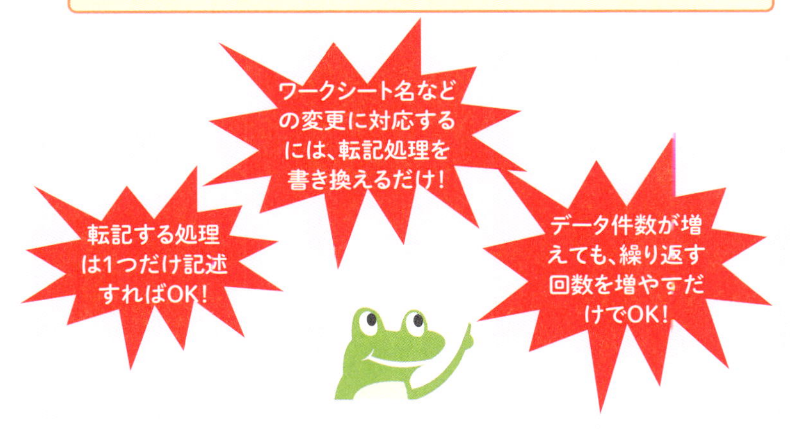

Chapter 05

変数のキホンを学ぼう

 変数は、データを入れる“ハコ”

本節では先に、変数のキホンとなる知識だけを一通り解説します。まずは変数の全体的なイメージだけ把握しましょう。どのようにコードを記述すればよいのかは、Chapter05-05で改めて解説します。

変数はChapter02-04で解説したように、「データを入れる“ハコ”」です。数値や文字列などのデータを入れて処理に使います。この変数という“ハコ”は、名前を付けて使います。複数の変数を同時に使えるようになっており、おのおのの変数を区別するために、1つ1つに名前を付けるのです。変数の名前は専門用語で**変数名**と呼びます。

変数名は原則、自由に付けてOKです。ただし、既にある変数と同じ名前は付けられません。さらにVBAのルール（149ページ参照）によって、付けられない変数名が他にあります。

変数をプログラムで使うには、変数名を決めた後、コードにその変数名を書きます。これで、その名前の“ハコ”——変数が用意されます。中にデータを入れるには、その変数に目的のデータを代入するコードを記述します（書式や具体例は次節で解説します）。

一度データを変数に入れたら、以降はその変数名を記述すれば、中のデータを取り出して処理に使えます。そして、処理の流れの中でその変数の中のデータを変更したければ、新たにデータを代入するコードを記述します。これで、変数のデータを変更できます。

変数は“ハコ”、変数名は“ハコ”の名前

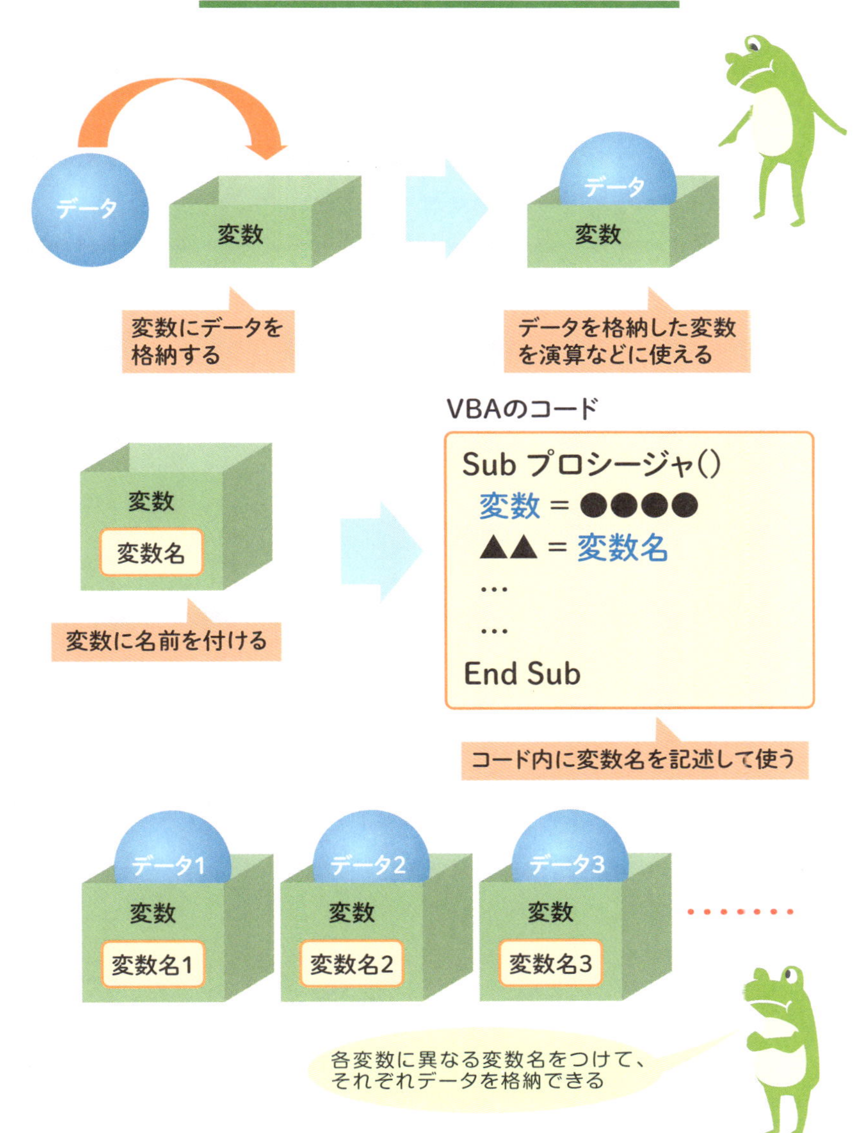

Chapter 05

変数の仕組みは、実はExcelのセルとスゴク似ている

“ハコ”はセル、名前はセル番地と同じ

前節で変数のキホンを学びました。その内容をザックリまとめると次のようになります。

・変数はデータを入れる“ハコ”
・“ハコ”には名前を付けて使う
・“ハコ”の名前を記述してプログラムに使う

このような変数の仕組みは、実はExcelのセルにとても似ています。Excelのセルは“ハコ”と見なせます。その“ハコ”に数値や文字列などのデータを入れて使います。そして、数式には“ハコ”の名前――つまり、セル番地を記述すれば、そのセルに入っているデータを数式などに使うことができます。

このように変数とセルは本質的には同じ「データを入れる“ハコ”」です。“ハコ”がある場所は、変数はVBAのコードであり、セルはワークシート上です。“ハコ”の名前は、変数は変数名であり、セルはセル番地です。前者は原則自由に決められますが、後者は固定されているといった違いはあります。“ハコ”の名前を書いて使うという点では同じです。

セルと変数の仕組みの共通点

◉セル

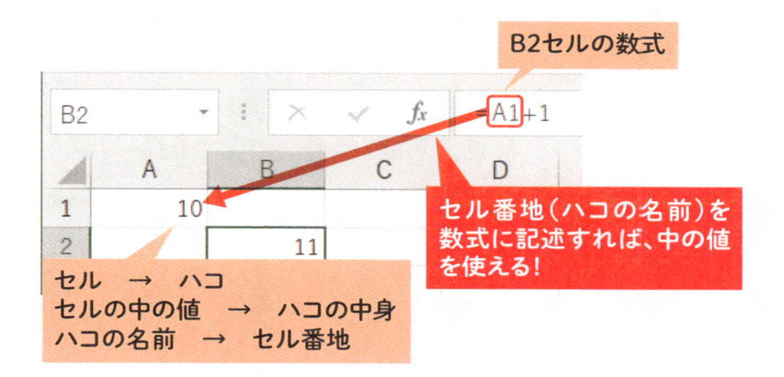

◉変数

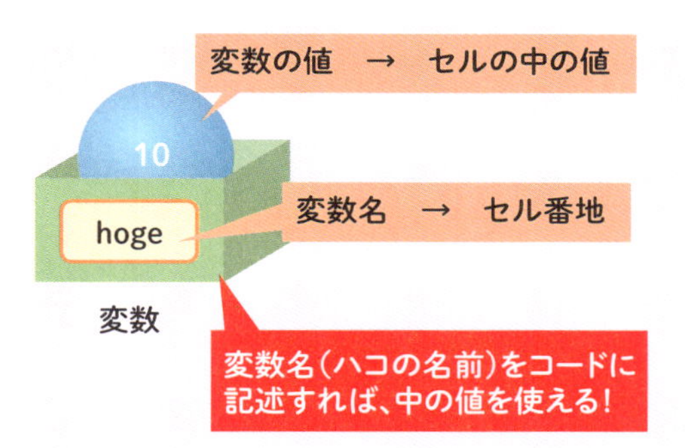

変数ってチョットわかりにくいけど、セルと似た仕組みなら、親しみがわくね!

Chapter 05

変数のコードの書き方のキホンを学ぼう

代入で値を入れる。変数名を書けば中の値を使える

変数の仕組みや使い方のイメージをつかんだところで、VBAで変数のコードを記述するための基本的な文法・ルールを学びましょう。

まずはどのような名前の変数にするのか、変数名を決めます。そして、その変数名をコードに記述します。これで、その名前の"ハコ"――変数が用意されて使えるようになります。

変数名を記述しただけでは、中身は空っぽのままなので、値（データ）を入れます。そのためには、値を代入します。そのコードは右図の【書式1】になります。変数名に続けて、代入の「=」と目的の値を記述します。たとえば「hoge」という名前の変数を用意し、数値の10という値を入れるには、右図のコード1のように記述します。

変数に入っている値を以降の処理で使うには、その変数名を記述します（右図【書式2】）。変数名を記述することで、中の値を取得できます。たとえば、先ほどの変数hogeに入っている値をメッセージボックスに表示するには、右図のコード2のように記述します。

この変数hogeの値を変更したければ、新たな値を代入するコードを記述します。たとえば数値の20に変更したければ、右図コード3のように、変数hogeに20を代入するコードを記述します。

以上がVBAにおける変数の基本的な文法・ルールです。ひとまずこれだけわかっていれば、プログラムで変数を使えるようになります。

変数のコードのキホンはこのパターン

◉書式1：　変数に値を入れる

代入の演算子「=」

「=」の両側には半角スペースが必要。記述し忘れてもVBEが自動で挿入してくれる。

◉コード1：変数hogeに10を入れる

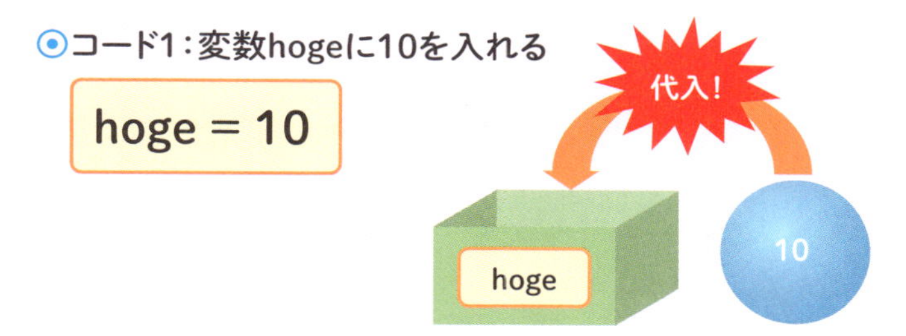

◉書式2：　変数の値を取得して使う

変数名

変更名を記述すれば中の値を取得できる

◉コード2：変数hogeの値をメッセージボックスに表示

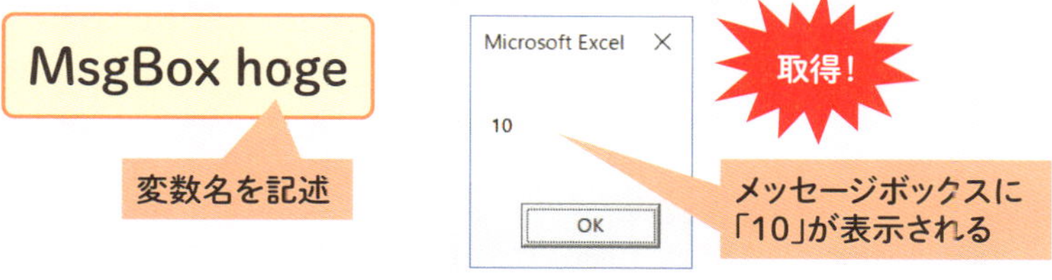

◉コード3：変数hogeの値を20に変更

Chapter 05

変数を体験しよう

変数に値を代入し、メッセージボックスに表示してみよう

変数のキホンを学んだところで、練習用の簡単なコードを記述・実行することで体験してみましょう。体験のコードは前章と同じく、Subプロシージャ「test」に記述します。本節での体験では、前節で例に挙げた変数のコードを実際に記述して実行するとします。

最初に、変数hogeに数値の10を入れるコードを記述しましょう。まずは準備として、前章にてSubプロシージャ「test」に記述した体験のコードをすべて削除してください。

```
Sub test()

End Sub
```

あわせて、もし、Module1の冒頭に「**Option Explicit**」と記述されていたら、そちらも削除してください。この記述については、Chapter08-03で改めて解説します。

準備ができたら、変数hogeを用意し、数値の10を入れる（代入する）コード「hoge = 10」を記述してください。

```
Sub test()
  hoge = 10
```

```
End Sub
```

このコードを実行すると、変数hogeに数値の10が入ります。ただ、このコードだけでは、変数hogeの中のデータが何なのかわからないので、メッセージボックスに表示するとします。では、以下のように、変数hogeをメッセージボックスに表示するコードを追加してください。

```
Sub test()
  hoge = 10
  MsgBox hoge
End Sub
```

追加できたら、さっそく実行してみましょう。Subプロシージャ「test」のいずれかの位置でカーソルが点滅した状態で、VBEのツールバーの［Sub/ユーザーフォームの実行］をクリックして実行してください。すると、メッセージボックスに「10」と表示されます。

変数hogeの値が表示された

「hoge = 10」のコードによって、変数hogeが用意され、数値の10が入ります。以降は変数名のhogeを記述すれば、その変数hogeに入っているデータである10を取り出して使うことができます。そして、「MsgBox hoge」のコードによって、MsgBox関数で表示する値に、変数hogeの変数名を記述しました。それによって、変数hoge

に入っているデータである数値の10が取り出され、メッセージボックスに表示されたのです（Chapter05-05の図参照）。

 変数の値を変更してみよう

次は、変数hogeのデータを数値の20に変更してみましょう。変数のデータを変更するには、変更したいデータを新たに代入すればよいのでした。変数hogeのデータを数値の20を代入するコードは、前節で例に挙げたように「hoge = 20」でした。では、このコードを追加してください。

```
Sub test()
  hoge = 10
  MsgBox hoge
  hoge = 20
End Sub
```

さらにその後に、再び変数hogeをメッセージボックスに表示するコード「MsgBox hoge」を追加し、変数hogeのデータを確かめてみましょう。

```
Sub test()
  hoge = 10
  MsgBox hoge
  hoge = 20
  MsgBox hoge
End Sub
```

追加できたら実行してください。すると、まずメッセージボックスに「10」と表示されます。

まずはメッセージボックスに10が表示される

［OK］をクリックして閉じると、続けてメッセージボックスに20と表示されます。

続けてメッセージボックスに20が表示される

この時点で、Subプロシージャ「test」の中には4行のコードが記述されています。実行すると、上から順にコードが実行されます。1行目の「hoge = 10」が実行されると、先ほど解説したように、変数hogeが用意され、数値の10が入ります。次に2行目のコード「MsgBox hoge」が実行され、変数hogeに入っている数値の10がメッセージボックスに表示されます。これが1つ目のメッセージボックスになります。

その次に3行目の「hoge = 20」が実行されます。変数hogeは1行目ですでに用意されているので、「hoge = 20」では同じ変数hogeが処理の対象になります。数値の20を代入しているので、変数hogeに20が入ります。もともと数値の10が入っていたところに、数値の20を新たに代入したことで、上書きされたかたちになり、その結果、変数hogeの値が10から20に変更されたのです。

そして、4行目のコード「MsgBox hoge」が実行され、変数hogeに入っている数値の20がメッセージボックスに表示されます。これが2つ目のメッセージボックスになります。

2行目のコードも4行目のコードも同じ「MsgBox hoge」です。2行目のコードを実行すると、メッセージボックスに10が表示されました。4行目のコードは、その前のコードで変数hogeを20に変更しているので、実行するとメッセージボックスには20が表示されました。このように処理の流れの中で、変数hogeの値を10から20に変更したことで、同じ「MsgBox hoge」でも異なる数値が表示されたのです。

以上が処理の流れの中で変数のデータを変更した例ですが、これが一体何の役に立つのか、この時点では読者のみなさんのほとんどは、いまいちピンとこないでしょう。本章の後半から次章にかけて、サンプル「予約管理」のプログラムの中で実際に変数を使い、処理の流れの中でデータを変化させることが何の役に立つのか、順に解説していきます。本節の時点では、キホンの体験のみができればOKです。

本節までに変数のキホンを学び、体験しました。そもそも変数を学んだのは、繰り返しの仕組みであるFor...Nextステートメントで必要だからでした。次節から、For...Nextステートメントのキホンの学習に入ります。

\Column/

こんな変数名は付けられない

変数名は基本的には好きな名前を付けられます。アルファベットや数字や記号以外に漢字・ひらがな・カタカナも使えます。ただし、以下のようなルールに反する名前を付けようとすると、コンパイルエラーとなります。

・「Sub」など、別の用途に決められているキーワードと同じ
・「_」(アンダースコア)以外の記号が使われている
・数字から始まる
・半角で255文字以上

これらのルールは無理に暗記しなくても構いません。上記のコンパイルエラーが出たら、付けようとした変数名のどこがルールに反しているのか調べて修正する、というアプローチでよいでしょう。

なお、コンパイルエラー画面には「修正候補：識別子」などというメッセージが表示されます。変数名がルールに反していることがひと目でわかるメッセージが表示されるケースは、残念ながらあまり多くありません。もし、"なぞのコンパイルエラー"が生じたら、変数名の付け方をチェックしてみましょう。

変数名が原因のコンパイルエラー画面の一例

Chapter 05

For...Nextステートメントの使い方のキホン

指定した処理を指定した回数だけ繰り返す

For...Nextステートメントは、指定した処理を指定した回数だけ繰り返すステートメントです。基本的な書式は右図の通りです。この書式でまず押さえてほしいのは以下です。

- 「For 変数名 = 初期値 To 最終値」と「Next」の間に記述した処理が繰り返される
- 繰り返す回数は「初期値」と「最終値」で指定する

Forの後ろの「変数名」の部分に、For...Nextステートメントで使う変数の名前を記述します。この変数にどんな役割があり、どう使うのかは、Chapter05-09と10で改めて解説しますので、本節と次節ではひとまず「変数名を記述するよう決められている」という程度の認識で構いません。

繰り返す回数は初期値と最終値の組み合わせで指定します。その指定方法はひとまず右図の①と②のように押さえておけばOKです。たとえば5回繰り返したければ、初期値は1、最終値は5を指定すればよいことになります。

For...Nextステートメントの書式についてはまだ学ぶことがありますが、ひとまず以上さえ把握していれば使えます。次節にて、練習用のコードを記述し、実行して体験します。

For...Nexステートメントの書式と基本的な使い方

◉書式

For 変数名 = 初期値 To 最終値
　　処理
Next

この処理が繰り返される。通常はインデントして記述

繰り返す回数は初期値と最終値で指定

厳密な書式では、Nextの後ろにも変数名を記述しますが、省略可能です。本書では省略した書式を用いるとします。

◉繰り返す回数の基本的な指定方法

For 変数名 = 初期値 To 最終値

①1を指定

②繰り返したい回数を指定

◉例：5回繰り返す

For 変数名 = 1 To 5

1を指定

繰り返したい回数である5を指定

Chapter 05

For...Nextステートメントを体験しよう

 文字列をメッセージボックスに4回表示

For...Nextステートメントの体験として、メッセージボックスに「こんにちは」と4回表示してみましょう。

この処理は言い換えると、「メッセージボックスに「こんにちは」と表示する処理を4回繰り返す」です。

どのようなコードを記述すればよいか、書式に沿って順に考えていきましょう。変数名は何でもよいのですが、今回は「hoge」とします。初期値は前節で学んだとおり1を指定します。「最終値」には、繰り返したい回数である4を指定します。繰り返す処理はメッセージボックスに文字列「こんにちは」と表示するコード「MsgBox "こんにちは"」です。以上を踏まえると、目的のコードは以下とわかります。

```
For hoge = 1 To 4
  MsgBox "こんにちは"
Next
```

では、このコードをSubプロシージャ「test」に記述してください。記述する前には、Chapter05-06での体験のコードをすべて削除しておいてください。

```
Sub test()
  For hoge = 1 To 4
    MsgBox "こんにちは"
  Next
End Sub
```

記述できたら、さっそく実行してみましょう。すると、「こんにちは」というメッセージボックスが繰り返し4回表示されます。

繰り返し1回目～4回目

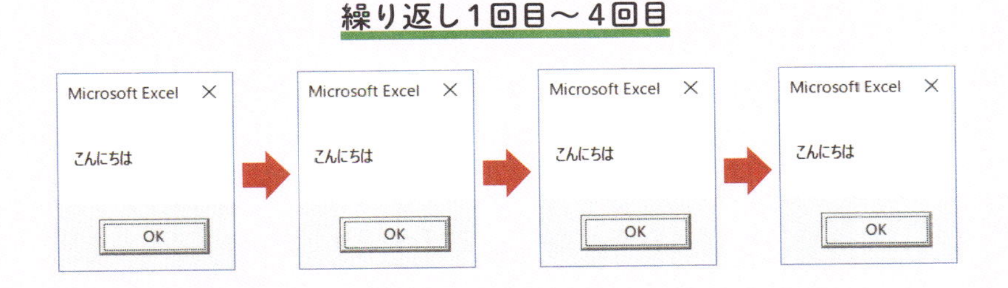

For..Nextステートメントの練習用コードの意味

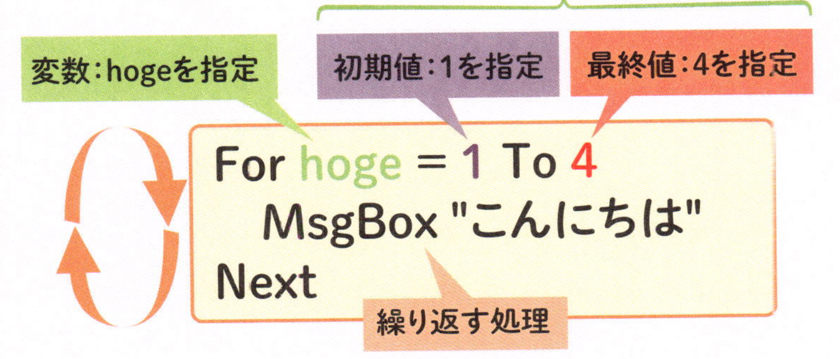

余裕があれば、繰り返す回数（「最終値」に指定する値）を変更したり、繰り返す処理を変更したりして、いろいろ試すとよいでしょう。

Chapter 05

For...Nextステートメントの変数の動作を知ろう

繰り返しの度に1ずつ自動で増える

本節では、For...Nextステートメントの変数の動作を学びます。そもそも本章の目的であった「複数の予約データを転記する」の処理のコードを記述するために、For...Nextステートメントの変数の動作を理解し、使いこなせるようになる必要があります。少々難しい内容ですが、ジックリあせらず学んでください。

For...Nextステートメントの変数の役割は、繰り返しの管理です。繰り返しの管理とは、「今、繰り返しの何回目なのかを数える」といったことです。その変数の値を見て、繰り返しをまだ続けるのか、それとも終わらせるのか判断しています。

For...Nextステートメントの変数の動作のルールは右図の通りです。繰り返しが始まると、変数には初期値が自動で代入されます。そして、繰り返しの度に1ずつ自動で増やされます。

あわせて、繰り返しの度に、変数の値が最終値に達しているか、自動で毎回チェックします。もし達していたら、その時点で繰り返しを終了します。このように変数を使うことで、何回繰り返すのかを管理しています。

変数の動き、初期値と最終値との関係

For 変数名 = 初期値 To 最終値

繰り返しスタート

初期値

変数名

変数

最初に、初期値が自動で変数に格納される

繰り返しの最中

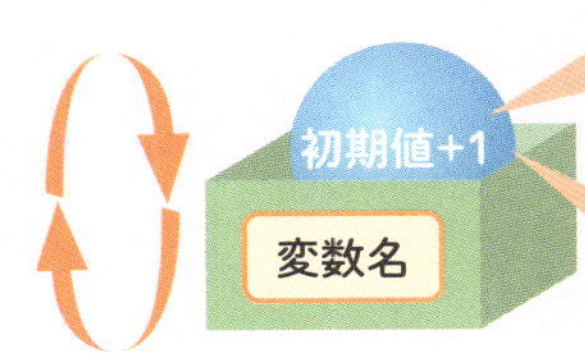

繰り返す度に、変数の値が自動で1増やされていく

あわせて、繰り返す度に、最終値に達したか、自動で毎回チェック

もし最終値に達したら・・・

繰り返し終了!

さらに右図には具体例として、前節の体験のコードでの動作を図解しました。この変数の動作は、文章を読んだだけではなかなか理解できないものなので、図を見て理解しましょう。

変数は通常、前章で学んだように、空の状態から値を新たに入れたり、増やしたりするには、代入の処理が欠かせません。プログラムする人がそのコードを記述する必要があります。しかし、For...Nextステートメントの変数は特別であり、値が自動で入ったり増やされたりします。

このように繰り返しの管理を行う、回数を数えるための特別な変数のことは一般的に、専門用語で**カウンタ変数**と呼ばれます。本書では以降、カウンタ変数という用語を解説に用いていくとします。

そして、カウンタ変数は、繰り返す処理の中に記述して使うこともできます。この点はFor...Nextステートメントの大きなポイントです。一体どういうことなのか、次節で体験しながら解説します。

前節の体験での変数hogeの動き

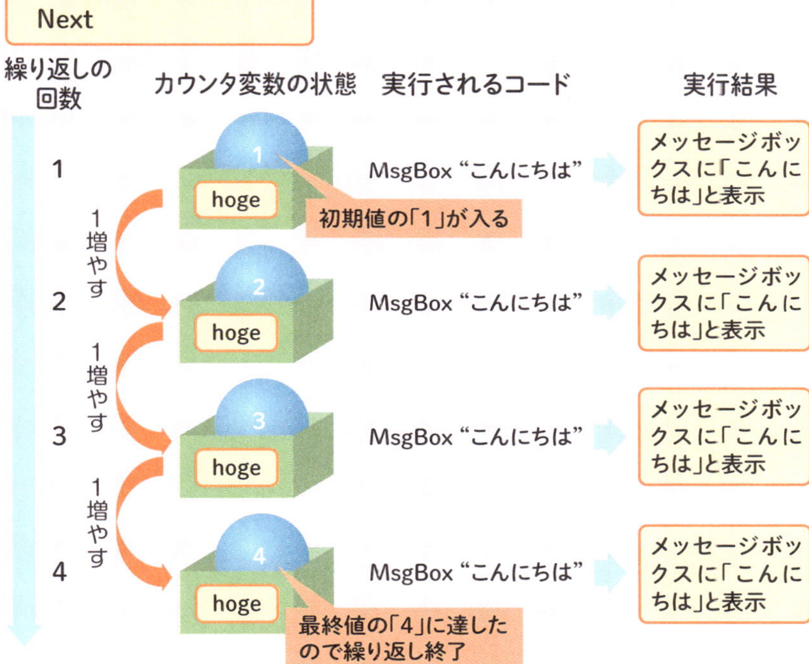

Chapter 05

For...Nextステートメントの変数の動作を体験しよう

繰り返しの度にカウンタ変数の値を表示

本節では、For...Nextステートメントの変数（カウンタ変数）の動作の確認、カウンタ変数を繰り返す処理の中に記述して使うことを体験します。これが一体何の役に立つのかは、次章で順に解説していくので、本節ではひとまず体験してみましょう。

本節の体験のコードはChapter05-08での体験のコードを、メッセージボックスに表示する内容を文字列「こんにちは」から、変数hogeに変更したものとします。それでは、Subプロシージャ「test」のコードを以下のように変更してください。MsgBox関数の引数を「"こんにちは"」から「hoge」に書き換えることになります。

変更前

```
Sub test()
  For hoge = 1 To 4
    MsgBox "こんにちは"
  Next
End Sub
```

変更後

```
Sub test()
  For hoge = 1 To 4
    MsgBox hoge
  Next
End Sub
```

変更できたら、さっそく実行してみましょう。すると次の画面のように、メッセージボックスに「1」、「2」、「3」、「4」と順に表示されていきます。

繰り返し1回目～4回目

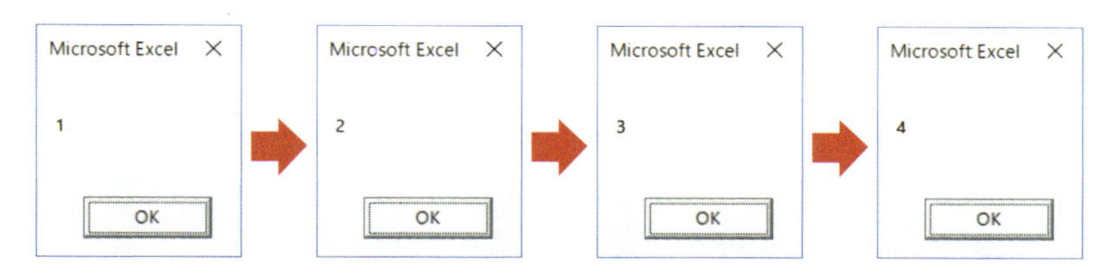

繰り返し1回目は「1」、2回目は「2」、3回目は「3」、4回目は「4」と、前節で図解した変数の動作がメッセージボックスに順に表示された値を通じて実感できたかと思います。本節のコードについても改めて図解しておきます。

体験のコードにおけるカウンタ変数の動き

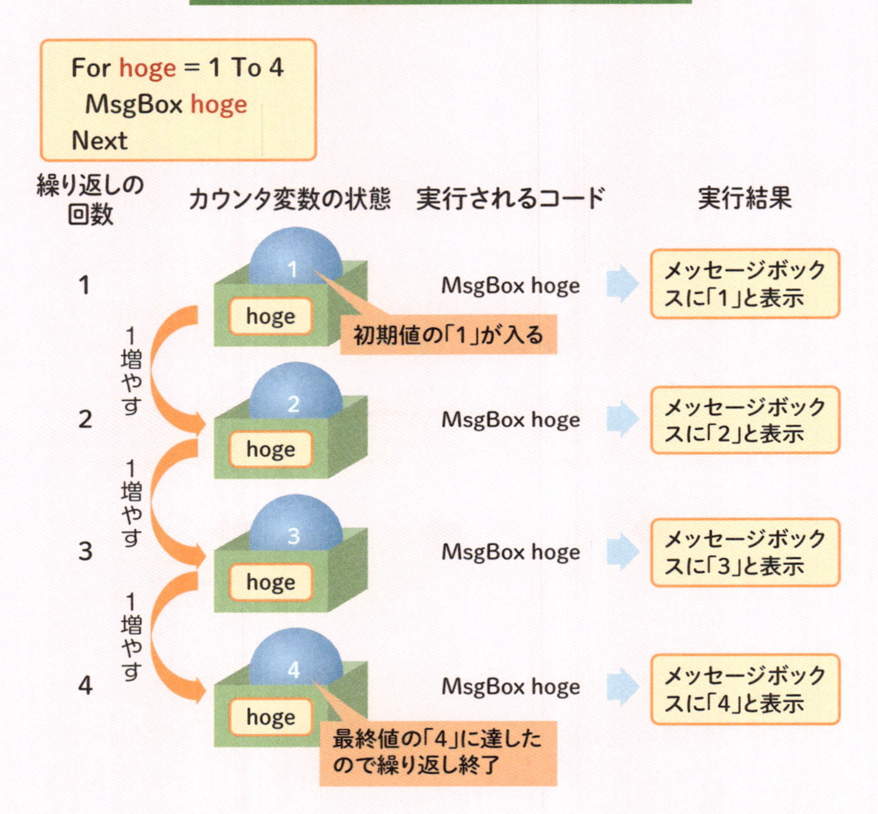

このようにFor...Nextステートメントの変数hogeを、繰り返す処理である「MsgBox hoge」に記述して使うことで、繰り返す度にその値をメッセージボックスに表示しました。

Chapter 05

初期値が1ではないパターンもある

「最初に初期値が入る」などカウンタ変数の動きは同じ

次に、For...Nextステートメントで初期値が1ではないパターンについて解説します。これまで初期値は必ず1を指定してきましたが、実は1以外も指定できます。そのパターンをなぜ学ぶのか、一体何の役に立つのかは、本節の最後から次章にかけて順に解説していくので、本節ではひとまず学び、体験してみましょう。

最終値はこれまでは繰り返す回数の数値を指定してきましたが、初期値に1以外の数値を指定した場合、最終値はどう指定すればよいのでしょうか？　その理屈はこのあとすぐに解説しますので、まずは体験してみましょう。今回は初期値を5、最終値を8とします。前節の体験のコードをそのように変更してください。

変更前

```
Sub test()
  For hoge = 1 To 4
    MsgBox hoge
  Next
End Sub
```

変更後

```
Sub test()
  For hoge = 5 To 8
    MsgBox hoge
  Next
End Sub
```

変更できたら実行してください。すると次の画面のように、メッセージボックスに「5」、「6」、「7」、「8」と順に表示されていきます。

繰り返し1回目～4回目

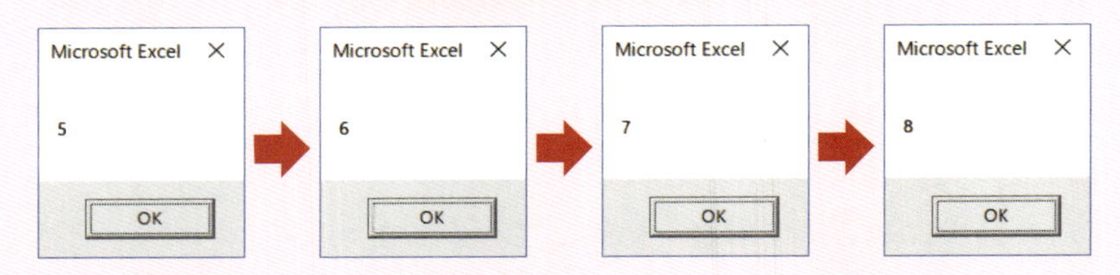

このようにメッセージボックスが4回表示されました。つまり、「MsgBox hoge」が4回繰り返し実行されたことになります。その間の変数hogeの動作は次の図のようになります。繰り返しが始まると最初に初期値の5が自動で格納され、以降は繰り返しの度に6、7、8と1ずつ自動で増えていき、最終値である8に達した時点で繰り返しを終了しています。

初期値が1でないパターンのカウンタ変数の動き

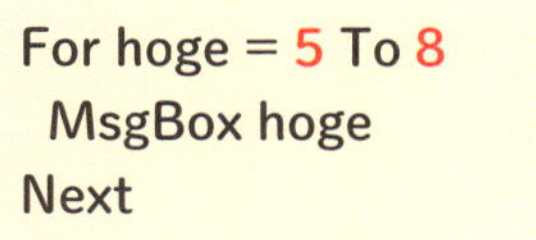

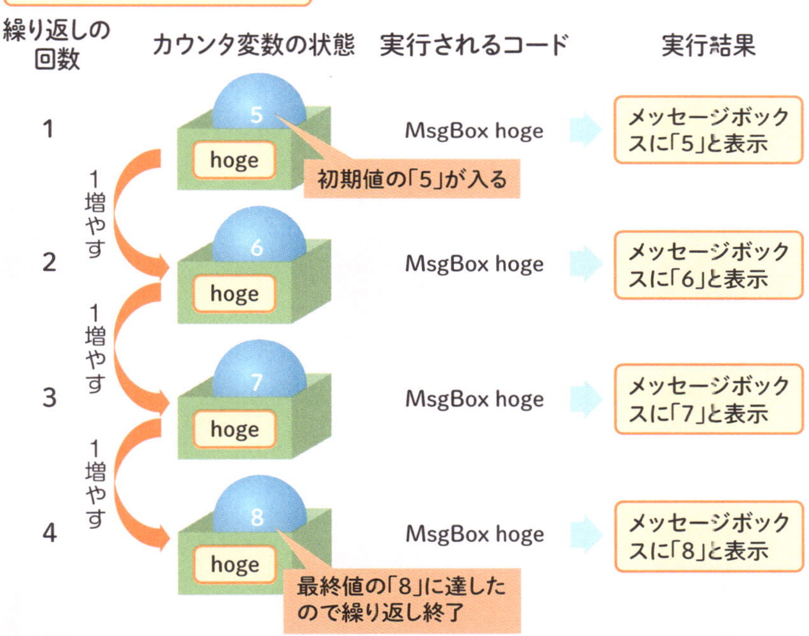

前節までは4回繰り返すのに、初期値に1、最終値に4を指定してきましたが、本節では初期値に5、最終値に8を指定しました。このように初期値に1以外の数値を指定した場合、最終値には、初期値から数え始めて繰り返す回数ぶんだけ増やした数値を指定する必要があります。繰り返す回数と最終値と初期値の関係は以下の計算式になります。この式から最終値を求めます。

繰り返す回数 = 最終値 − 初期値 + 1

さて、For...Nextステートメントで同じ4回繰り返したいだけなら、前節までのように初期値には1、最終値には繰り返す回数の4を指定するパターンの方が圧倒的にわかりやすいのは言うまでもありません。初期値が1以外のパターンでは、特に最終値の求め方が難しいでしょう。それでもあえて、初期値が1以外のパターンを本節で学んだのは、本書サンプル「予約管理」で「複数の予約データを転記する」の処理のコードを記述に必要だからです。その詳細は次章で順に解説していきます。

Column

Valueプロパティは省略しないようにしよう

これまで本書で何度か登場したように、セルの値を操作するためには、セルのオブジェクトのValueプロパティを用います。たとえばA4セルの値に数値の10を格納したいなら、Rangeを使い、「Range("A4").Value = 10」と記述します。実はこのValueプロパティは省略できます。先ほどの例なら、「Range("A4") = 10」とValueプロパティを省略しても、ちゃんとA4セルに10が格納されます。

このようにValueプロパティは省略可能ですが、筆者はオススメしません。なぜなら、「Range("A4")」とだけ記述すると、Valueプロパティによって値を操作しているのか、ひと目でわからなくなってしまうからです。Chapter04-02で登場したワークシートのCopyメソッドの引数Afterのように、VBAではオブジェクトだけを指定するケースがよくあります。セルのオブジェクトだけを指定するケースももちろんあります。もし、Valueプロパティを省略すると、セルのオブジェクトだけを指定しているのか、それともセルの値を指定しているのか、コードをよく読まないとわからなくなります。

すると、一度完成したあとに機能を追加・変更するためコードを編集するなど際、作業の効率が低下し、ミスの恐れも高まります。そのため、省略しないことをオススメするのです。

予約データの表のセルを行方向に順に処理しよう

Chapter 06

すべての予約データを処理できるようにするには

現状のコードのどこをどうすればいい？

本章から、繰り返しと変数を使い、本書サンプル「予約管理」で、目的の店舗の予約データをすべて転記する処理を作ります。

Subプロシージャ「予約表作成」はChapter04-10までで、ワークシート「予約」のC2セルに入力された店舗の予約データのみ1件転記する処理まで作りました。転記元セルは予約データの表の先頭行です。具体的には、ワークシート「予約」の5行目（C5～F5セル）です。予約データをすべて転記するには、転記元セルが5行目のみの状態を、表の最後である30行目まで拡張する必要があるでしょう。

そのためにはどうすればよいでしょうか？　転記元セルはIfステートメント以下にある5つの命令文です（右図Ⅰ）。それらの転記元セルのRangeオブジェクト（代入の「=」の右辺）は、列「予約番号」のデータなら「Range("A5")」など、セル番地は5行目で固定されています。これらのセル番地「"A5"」の行番号の部分「5」の数値を6、7、8……29、30と1ずつ順に増やしていけば、転記元セルを5行目から30行目まで処理できそうです。

行が5行目で固定されているのはもう一箇所あります。Ifステートメント条件式にて、比較演算子「=」の右辺のセルはワークシート「予約」のC5セルで固定されているので（右図Ⅱ）、こちらの行番号の部分も5～30まで1ずつ順に増やしていく必要があります。

行番号が5で固定されている箇所を1ずつ順に増やしたい

ワークシート「予約」

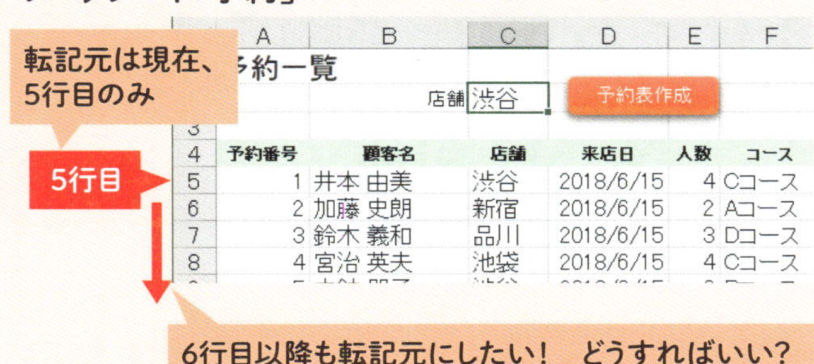

	A	B	C	D	E	F
1	予約一覧					
2		店舗	渋谷	予約表作成		
3						
4	予約番号	顧客名	店舗	来店日	人数	コース
5	1	井本 由美	渋谷	2018/6/15	4	Cコース
6	2	加藤 史朗	新宿	2018/6/15	2	Aコース
7	3	鈴木 義和	品川	2018/6/15	3	Dコース
8	4	宮治 英夫	池袋	2018/6/15	4	Cコース

予約データを転記する処理

（凡例）6行目以降も処理したいワークシート「予約」のセル

```
If Worksheets("予約").Range("C2").Value = _
   Worksheets("予約").Range("C5").Value Then
   Worksheets("渋谷").Range("B6").Value = _
     Worksheets("予約").Range("A5").Value
   Worksheets("渋谷").Range("B5").Value = _
     Worksheets("予約").Range("B5").Value
   Worksheets("渋谷").Range("D5").Value = _
     Worksheets("予約").Range("D5").Value
   Worksheets("渋谷").Range("D6").Value = _
     Worksheets("予約").Range("E5").Value
   Worksheets("渋谷").Range("D7").Value = _
     Worksheets("予約").Range("F5").Value
End If
```

Ⅰ：Worksheets("渋谷")への転記の各行（Range("A5")〜Range("F5")）
Ⅱ：Range("C5")

IとⅡの行番号5の部分を6、7、8･･･30と、1ずつ順に増やしていけばいいね！

Chapter 06

セルを行方向に順に処理するには

初期値が1ではないFor...Nextステートメントを利用

転記元セルを予約データの表の5行目のみの状態から30行目まで処理可能に発展させる手段は、For...Nextステートメントによる繰り返しが最適でしょう。前節で考えたように、転記元セルのRangeの行番号を5から30まで1ずつ順に増やすには、カウンタ変数を使えば、繰り返す度に自動で1ずつ増えるので、まさにうってつけです。

初期値と最終値はどう指定すべきでしょうか？　繰り返す回数は、行番号を5から30まで増やしたいので、計26回になります。よって、初期値は1、最終値は26を指定しても決して誤りではないのですが……そもそもカウンタ変数は、転記元セルのRangeの行番号を5から30まで増やすために用いるのでした。それなら、Chapter05-11で学んだ、初期値が1ではないパターンが使えます。初期値には、予約データの先頭の行番号である5、最終値には最後の行番号である30を指定するのです。そのカウンタ変数を行番号に用いれば、意図通り5から30まで1ずつ増やせます。

今回のように「行番号を1ずつ増やして、表の5行目から30行目まで連続して処理したい」なら、初期値は先頭の行番号の5、最終値は最後の行番号の30と指定した方が、プログラムがより記述しやすく、わかりやすくなるでしょう。初期値が1ではないパターンには、このような便利な使い道があるのです。

カウンタ変数でセル番地の行番号を5から30まで1ずつ増やす

予約データ転記処理に登場するワークシート「予約」のセル

Worksheets("予約").Range("C5").Value	C5セル「店舗」（条件式で店舗の判定に使用）
Worksheets("予約").Range("A5").Value	A5セル「予約番号」（転記元データ）
Worksheets("予約").Range("B5").Value	B5セル「顧客名」（転記元データ）
Worksheets("予約").Range("D5").Value	D5セル「来店日」（転記元データ）
Worksheets("予約").Range("E5").Value	E5セル「人数」（転記元データ）
Worksheets("予約").Range("F5").Value	F5セル「コース」（転記元データ）

5～30行目まで処理するために、この行番号の数値を以下のように増やしたい
5,6,7,8・・・28,29,30

◉初期値に5を指定

```
For 変数名 = 5 To 30
```

この変数は繰り返しの度に以下のように増えていく
5,6,7,8・・・28,29,30

初期値には先頭の行番号の5、最終値には最後の行番号の30をそのまま指定すればOKだね

簡単でわかりやすい！

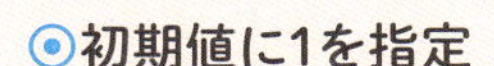

◉初期値に1を指定

```
For 変数名 = 1 To 最終値
```

この変数は繰り返しの度に以下のように増えていく
1,2,3,4・・・最終値

えっと初期値が1だから、カウンタ変数は最初に1が入るよな。5～30行目を処理したいから、えっと・・・最終値はどうすればいいんだ!?

複雑でわかりにくい！

Chapter 06

Rangeの行番号の部分にそのままカウンタ変数を使うと……

“存在しないセル番地”になってしまいエラーに！

転記元セルの行番号にカウンタ変数を使うコードがどんな感じになるのか考えてみましょう。カウンタ変数の名前は「i」とします。

Chapter06-01で確認したように、予約データの表の5行目の列「予約番号」のデータを転記するコードでは、転記元であるワークシート「予約」のA5セルは「Range("A5")」と記述しています。セル番地である「"A5"」の行番号の部分「5」をカウンタ変数「i」にそのまま置き換えると、「Range("Ai")」となります。

このコードで一見よさそうに思えますが、実行時エラーになってしまいます。なぜなら、Rangeのカッコ内にはセル番地を文字列として指定するため、「"」(ダブルクォーテーション)で囲っているのでした。「Range("Ai")」では「"」で囲っているのは「Ai」です。すると、セル番地が「Ai」となってしまいます。「"」で囲わず「i」とだけ記述すれば、変数iと見なされ、格納されている数値が使われますが、「"Ai"」記述すると、単なる文字列の「Ai」です。「Ai」というセル番地はワークシートのどこを見渡しても存在しません。存在しないセルを操作しようとするので、実行時エラーになるのです。

このようにRangeの行番号の部分をカウンタ変数でそのまま置き換えることはできません。一体どうしたらよいでしょうか？

行番号にそのままカウンタ変数を使うとエラーになる理由

たとえば、A5セルの「5」をカウンタ変数iにそのまま置き換えると・・・

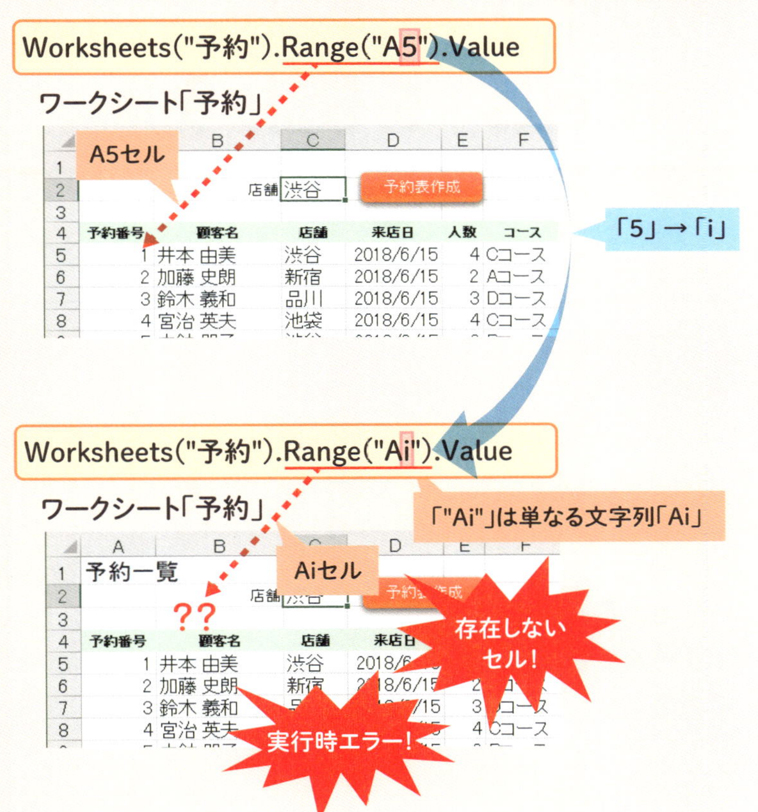

Chapter 06

繰り返しと相性バッチリな「Cells」を使おう！

セルのオブジェクトを取得するもう一つの方法

Rangeの行番号をそのままカウンタ変数に置き換えられない問題を解決する方法で、もっとも効果的なのが**Cells**です。

CellsとはRangeと同じく、セルのオブジェクトを取得します。書式は右図の通りです。Rangeとの違いは、セルの指定方法です。Rangeでは、セル番地を文字列として指定しました。一方、Cellsでは行番号の数値と列番号の数値の組み合わせで指定するのが大きな違いです。しかも、列番号はお馴染みのアルファベットではなく、A列を1とする連番で指定する点も大きな違いです。たとえばA5セルなら、行番号は5、列番号はA列の1なので、「Cells(5, 1)」と指定します。

Cellsで取得したセルのオブジェクトは、Valueプロパティでセルの値を操作できるなど、Rangeを使った場合と全く同様に操作できます。たとえば、Valueプロパティを付けて「Cells(5, 1).Value」と記述したら、A5セルの値を操作できるようになります。

なお、Rangeで用いるセル番地は、「A5」などと＜列＞＜行＞の順で指定しますが、Cellsでは＜行＞＜列＞と逆の順で指定するのも大きな違いです。慣れない間は間違えやすいので、十分注意してください。

CellsはFor...Nextステートメントと相性がよく、前節の問題をスマートに解決できます。詳しくは次節以降で順に解説します。

行番号と列番号の数値でセルを指定するCells

⦿Cellsの書式

Cells(行, 列)

行番号を数値で指定

列番号を数値で指定

「,」の後には半角スペースが必要。ただし、忘れても、VBEが自動で挿入してくれます。

列番号は、A列を1とする連番として指定。B列が2、C列が3、D列が4・・・と指定する

⦿Cellsの使用例　A5セルのオブジェクトなら…

5行目

1列目=A列

ワークシート「予約」

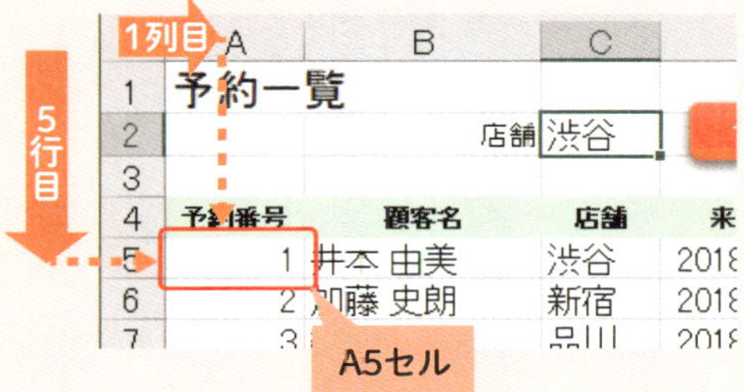

Chapter 06

Cellsによるセルの操作を体験しよう

CellsでA1セルの値を取得する

前節でCellsの基礎の学んだところで、簡単なコードを記述・実行して体験しましょう。準備として、Subプロシージャ「test」に記述した前章の体験のコードをすべて削除してください。

```
Sub test()

End Sub
```

Cellsの体験として、まずはワークシート「予約」のA5セルの値を取得し、メッセージボックスに表示してみましょう。ここで改めて、ワークシート「予約」を提示しておきます。

ワークシート「予約」の状態

	A	B	C	D	E	F
1	予約一覧					
2		店舗	渋谷	予約表作成		
3						
4	予約番号	顧客名	店舗	来店日	人数	コース
5	1	井本 由美	渋谷	2018/6/15	4	Cコース
6	2	加藤 史朗	新宿	2018/6/15	2	Aコース
7	3	鈴木 義和	品川	2018/6/15	3	Dコース
8	4	宮治 英夫	池袋	2018/6/15	4	Cコース

A5セルのオブジェクトはRangeではなく、Cellsを使って記述するとします。Cellsの第1引数の行番号に指定するのは、A5セルは5行目なので、数値の5を指定します。第2引数の列番号は、A5セルはA列——1列目なので、1を指定します。以上を踏まえると、A5セルはCellsを使うと「Cells(5, 1)」と記述すればよいとわかります。

さらにワークシート「予約」のA5セルとなるよう、親オブジェクトとして「Worksheets("予約")」をCellsの前に付けます。さらにA5セルの値を取得するため、Valueプロパティを付け、「Worksheets("予約").Cells(5, 1).Value」と記述すれば、ワークシート「予約」のA5セルの値を取得できることになります。では、この値をメッセージボックスに表示するよう、MsgBox関数の引数に「Worksheets("予約").Cells(5, 1).Value」を指定したコードを記述してください。

```
Sub test()
  MsgBox Worksheets("予約").Cells(5, 1).Value
End Sub
```

VBEの［Sub/ユーザーフォームの実行］をクリックして実行すると、メッセージボックスに「1」と表示されます。

A5セルの値である1がメッセージボックスに表示される

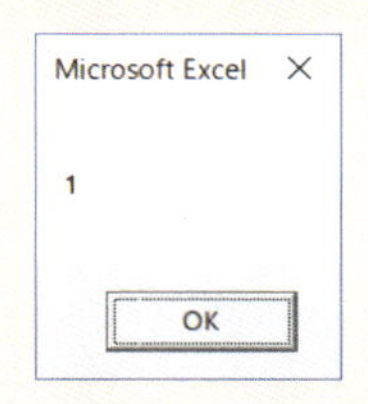

ワークシート「予約」のA5セルには、列「予約番号」の先頭のデータである1が入力されています。その値が「Worksheets("予約

").Cells(5, 1).Value」によって取得され、メッセージボックスに表示されたのです。

CellsでC6セルの値を取得する

次は、ワークシート「予約」のC6セルの値をメッセージボックスに表示してみましょう。Cellsの第1引数の行番号には、C6セルは6行目なので6を指定します。第2引数の列番号には、C6セルはC列――3列目なので3を指定します。よって、C6セルは「Cells(6, 3)」となります。では、先ほどのコードにて、Cellsの各引数をそのように変更してください。

変更前

```
Sub test()
  MsgBox Worksheets("予約").Cells(5, 1).Value
End Sub
```

変更後

```
Sub test()
  MsgBox Worksheets("予約").Cells(6, 3).Value
End Sub
```

実行すると、メッセージボックスに「新宿」と表示されます。

C6セルの値である「新宿」がメッセージボックスに表示される

ワークシート「予約」のC6セルには、2件目の予約データの列「店舗」である「新宿」が入力されています。その値が「Worksheets("予約").Cells(6, 3).Value」によって取得され、メッセージボックスに表示されたのです。

Cellsの体験は以上です。余裕があれば、他のセルの値もメッセージボックスに表示するよう、行と列の数値を適宜変更して実行すれば、Cellsの理解がより深まるでしょう。

Cellsは慣れるまで、“メモ”を見ながら

体験したとはいえ、まだCellsに慣れない読者の方が大半でしょう。書式で第1引数に指定する数値は行番号なのか列番号なのか混同したり、列番号に指定する数値を迷ったりしてしまうものです。

本書ではこの後もCellsを多用していきます。そこで、書式や列番号で困らないよう、下図のような書式および列名と列番号の対応表のメモのようなものを、手書きでよいので作っておき、モニター横など常に見える場所に提示しておくとよいでしょう。余談ですが、筆者が初心者だった頃、Cellsに慣れるまで、下図のメモを付箋に書き込み、パソコンのモニター横に貼っていました。

Cellsの書式と列番号の対応表のメモ

◉書式

```
Cells(行, 列)
```

◉列番号の対応表

列名	A	B	C	D	E	F	G	H	……
列番号	1	2	3	4	5	6	7	8	……

（処理対象の表の列幅に応じて、列名と列番号を適宜追加）

Chapter 06

CellsとFor...Nextの組み合わせでセルを行方向に順に処理する

Cellsの行にカウンタ変数を用いるのがツボ！

次にCellsとFor...Nextの組み合わせについて学びましょう。セルを行方向に順に処理するプログラムが効率よく作れます。

セルを行方向に順に処理するには、行番号の数値を1ずつ増やしていけばよいのでした。そのように行番号を増やすには、For...Nextステートメントのカウンタ変数を用いればよいのでした。その**カウンタ変数をCellsの行に指定**するのが重要なツボです。

Cellsは第1引数の行と第2引数の列は、ともに数値で指定するのでした。そのため、第1引数の行にカウンタ変数をそのまま記述すれば、カウンタ変数に格納されている数値がそのまま行番号となります。カウンタ変数は繰り返しのなかで、初期値から始まり最終値まで、1ずつ増えていくのでした。よって、初期値として指定した開始の行番号から、最終値として指定した終了の行番号まで、行番号の数値が1ずつ増えていくことになります。その結果、セルを行方向に順に処理することが可能となるのです。

そして、Cellsの第2引数の列には、目的の列番号を指定すれば、指定した列のセルを行方向に順に処理できるようになります。この処理は次節で体験していただきますので、実際にコードを書いて実行することで理解を深めましょう。

セルを行方向に順に処理するコードの仕組み

◉書式

```
For 変数名 = 初期値 To 最終値
    Cells(行, 列)
Next
```

カウンタ変数を引数「行」に指定

初期値に開始行番号を指定

最終値に終了行番号を指定

```
For 変数名 = 開始行番号 To 終了行番号
    Cells(変数名, 列)
Next
```

◉たとえば、5～8行目を処理したいとする（カウンタ変数は「hoge」と仮定）

```
For hoge = 5 To 8
    Cells(hoge, 列)
Next
```

最終値に終了行番号の8を指定

初期値に開始行番号の5を指定

カウンタ変数hogeを引数「行」に指定

繰り返しの回数	カウンタ変数hogeの値	Cells (hoge, 列)	
1	5	Cells(5, 列)	5行目
2	6	Cells(6, 列)	6行目
3	7	Cells(7, 列)	7行目
4	8	Cells(8, 列)	8行目

Chapter 06

Cells と For...Next の組み合わせを体験しよう

C5 ～ C8 セルの値を順に表示する

本節では、前節で学んだCells と For...Next ステートメントの組み合わせを体験します。今回練習として作成する処理は以下とします。

> ワークシート「予約」のC5 ～ C8 セルの値を、行方向に順にメッセージボックスに表示する

この処理のコードをCells と For...Next の組み合わせでどう記述すればよいか、順に考えていきましょう。この処理では、ワークシート「予約」のC5 ～ C8 セルのオブジェクトを順に取得さえできれば、あとはValue プロパティで値を取得してメッセージボックスに表示するだけです。

C5 ～ C8 セルのオブジェクトを順に取得するには、どうすればよいでしょうか？　それは前節で学んだとおり、Cells と For...Next の組み合わせを利用するのがセオリーです。

では、具体的なコードを考えていきましょう。先にCells の第2引数の列を考えるとします。今回はC列のセルを行方向に順に処理したいので、C列の列番号である3を指定すればよいとわかります。

次にCells の第1引数の行を考えます。目的の行番号である5、6、

7、8のように、5から始まり、繰り返しの度に1ずつ順に8まで増やしていくかたちで指定できればよいことになります。そのように指定するには、For...Nextステートメントのカウンタ変数を利用します。初期値には開始の行番号である5を指定し、最終値には終了の行番号である8を指定すれば、繰り返しの度に5、6、7、8と1ずつ順に増やしていくことができるでしょう。

変数名は何でもよいのですが、今回は「i」とします。すると、Cellsの引数は次のように指定することになります。第1引数の行にはカウンタ変数のiを指定します。第2引数の列にはC列の列番号である3を指定します。

```
Cells(i, 3)
```

このセルの値を取得するため、Valueプロパティを付けます。あわせて、親オブジェクトには、ワークシート「予約」のオブジェクトを指定します。

```
Worksheets("予約").Cells(i, 3).Value
```

上記をMsgBox関数の引数に指定したコードをFor...Nextステートメントの中に記述し、繰り返し実行できるようにします。「For」以降には先述の通り、カウンタ変数はi、初期値は5、最終値は8を指定します。

```
For i = 5 To 8
  MsgBox Worksheets("予約").Cells(i, 3).Value
Next
```

では、Subプロシージャ「test」の中身を上記コードに変更してください。

変更前

```
Sub test()
  MsgBox Worksheets("予約").Cells(6, 3).Value
End Sub
```

変更後

```
Sub test()
  For i = 5 To 8
    MsgBox Worksheets("予約").Cells(i, 3).Value
  Next
End Sub
```

変更できたら、さっそく動作確認してみましょう。実行すると、「渋谷」、「新宿」、「品川」、「池袋」とメッセージボックスが順に表示されます。

C5～C8セルの値が順にメッセージボックスに表示される

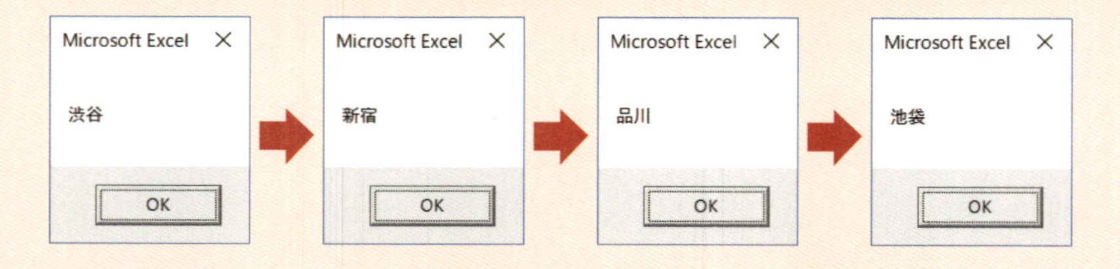

ワークシート「予約」のC5セルの値は「渋谷」、C6セルは「新宿」、C7セルは「品川」、C8セルは「池袋」であり、これらのセルの値が順にメッセージボックスに表示されました。C5～C8セルという計4つのセルが行方向に順に処理されたことになります。

コードの構造と処理の流れを整理

これがCellsとFor...Nextステートメントの組み合わせの例です。繰り返しの何回目でカウンタ変数iの値がどうなり、「Cells(i, 3)」で取得するセルが何になるのか図解しておきますので、プログラムの構造と動きを確認して理解を深めてください。

C5～C8セルを順に表示する処理の流れ

初期値に開始行番号の5を指定

最終値に終了行番号の8を指定

```
For i = 5 To 8
    MsgBox Worksheets("予約").Cells(i, 3).Value
Next
```

カウンタ変数iを引数「行」に指定

カウンタ変数iは繰り返しの度に以下のように増えていく
5,6,7,8

繰り返しの回数	変数	Cells(i, 3)
1	5	Cells(5, 3) C5セル
2	6	Cells(6, 3) C6セル
3	7	Cells(7, 3) C7セル
4	8	Cells(8, 3) C8セル

ワークシート「予約」

	C
2	渋谷
4	店舗
5	渋谷
6	新宿
7	品川
8	池袋
9	渋谷
10	渋谷

行方向に順に処理！

また、もし余裕があれば、Cellsの列番号を変更したり、For...Nextステートメントの初期値や最終値を変更したりして、別のセル範囲の値を行方向に順にメッセージボックスに表示することを試せば、より一層理解が深まるでしょう。

Rangeでも、できないことはないけど……

For...Nextステートメントを用いて、セルを行方向に順に処理するプログラムは、実はCellsを使わなくとも、Rangeでも作れないことはありません。列番号の文字列とカウンタ変数による行番号の数値を連結し、セル番地の文字列を生成するといった方法になります。参考までに、本節の処理をその方法で記述したコードを掲載しておきます。

```
For i = 5 To 8
    MsgBox Worksheets("予約").Range("C" & i).Value
Next
```

セルのオブジェクトは「Range("C" & i)」と記述しています。&は文字列を連結する演算子です。書式は次の通りです。

書式

文字列1 & 文字列2

たとえば、「"Ex" & "cel"」と記述すると、文字列「Ex」と文字列「cel」が連結され、文字列「Excel」が生成されます。さらに「& 文字列3…」と増やせば、3つ以上の文字列も連結できます。

加えて、数値と文字列に連結し、1つの文字列を生成することもできます。たとえば「"C" & 5」と記述すると、文字列「C」と数値の5が連結され、1つの文字列「C5」が生成されます。

そして、数値が変数に格納されているなら、その変数と文字列を連結し、1つの文字列を生成できます。たとえば変数iの値が5の場合、「"C" & i」と記述すれば、文字列「C」と変数iの値である数値の5が連結され、文字列「C5」が生成されます。

上記コードはカウンタ変数iが繰り返しの度に5、6、7、8と増えるので、「"C" & i」によって文字列「C」と連結されて「C5」、「C6」、「C7」、「C8」という文字列が順に生成されます。それらがRangeのカッコ内に順に指定されることになるので、C5セルからC8セルまで行方向に順に処理できるのです。

この方法は半ば無理矢理な方法であり、コードが少々複雑になってしまうなどのデメリットがいくつかあります。本書では、Cellsの実践的な使い方の練習も兼ねて、Cellsを使った方法で解決するとします。また、RangeとCellsの使い分け方については、Chapter09-01で改めて詳しく解説します。

Functionプロシージャ

VBAには「Functionプロシージャ」という仕組みも用意されています。書式などの詳細の解説は割愛させていただき、概要のみを簡単に紹介します。

Functionプロシージャはsubプロシージャと似たような“命令文の入れ物”の仕組みですが、大きな違いは戻り値を設けられることです。実行した結果を戻り値として返し、以降の処理に使えます。

そして、Subプロシージャのようにマクロとして実行できないかわりに、オリジナルのワークシート関数を作ることができます。ここでいうワークシート関数とは、SUM関数やVLOOKUP関数をはじめ、ワークシートで使う関数のことです。また、共通の処理をまとめる用途にも用いられます（概要は330ページ参照）。

Chapter 06

予約データの表を行方向に順に処理しよう

3つのステップでコードを書き換え

本節では、前節で体験したCellsとFor...Nextステートメントの組み合わせを利用し、本書サンプル「予約管理」にて、予約データの表の先頭である5行目から最後の30行目まで、行方向に順に処理するようプログラムを発展させます。現時点のSubプロシージャ「予約表作成」は、前章からここまで一切追加・変更していないので、Chapter04-10終了時点の状態になっています。お手元のプログラムがその状態になっているか、念のため確認しておいてください。

では、Subプロシージャ「予約表作成」のコードを追加・変更していきましょう。現時点のプログラムをいきなり、予約データの表を行方向に順に処理するように追加・変更するのは、初心者にとって非常にハードルが高いので、今回は次の3ステップで進めるとします。

【STEP1】RangeからCellsに単純に書き換え
【STEP2】For...Nextで全体を囲んで繰り返し化
【STEP3】Cellsの行番号をカウンタ変数に変更

では、実際にこの3ステップに沿って、Subプロシージャ「予約表作成」のコードを追加・変更していきましょう。

●【STEP1】RangeからCellsに単純に書き換え

最初に、Rangeで記述しているセルのオブジェクトを、Cellsで記述するよう単純に書き換えます。現在のプログラムは予約データの表の先頭（ワークシート「予約」のA5～F5セル）のみを処理するようになっていますが、まず機能は先頭のみを処理する状態のまま、RangeからCellsに単純に書き換えるのです。

その作業を進めやすくするため、現在のプログラムにて、Rangeを用いてセルのオブジェクトを記述している箇所をワークシートごとに洗い出し、そのセル番地および行番号と列番号を以下の表のように整理しておきます。ワークシート「予約」のC2セルとC5セルは、Ifステートメントの条件式で記述しています。

ワークシート予約

セル番地	行番号	列番号
A5	5	1
B5	5	2
C2	2	3
C5	5	3
D5	5	4
E5	5	5
F5	5	6

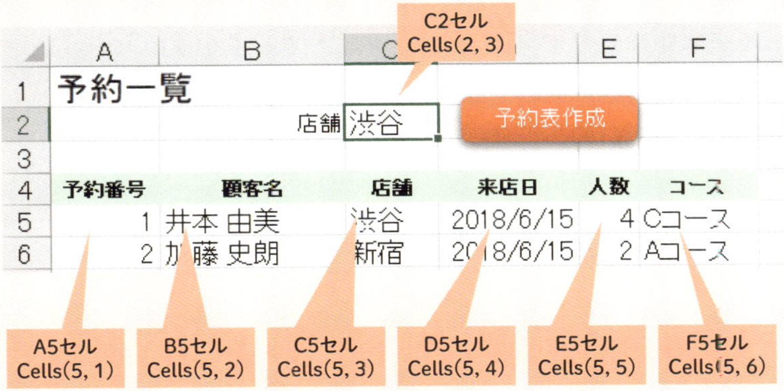

ワークシート「渋谷」

セル番地	行番号	列番号
B5	5	2
B6	6	2
D5	5	4
D6	6	4
D7	7	4

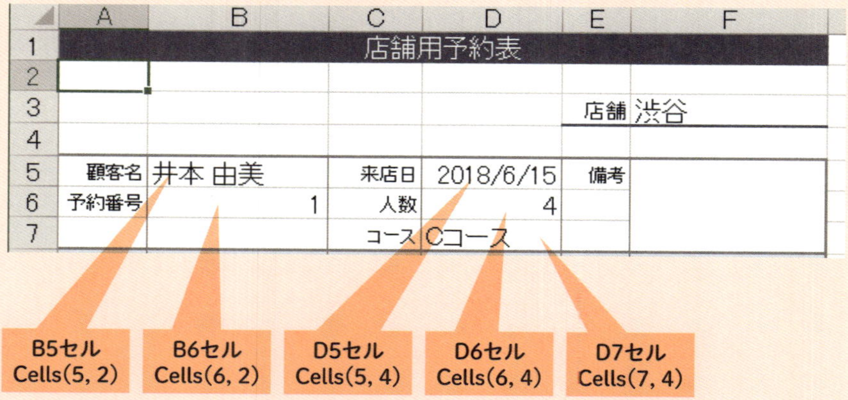

	A	B	C	D	E	F
1	店舗用予約表					
2						
3					店舗	渋谷
4						
5	顧客名	井本 由美	来店日	2018/6/15	備考	
6	予約番号	1	人数	4		
7			コース	Cコース		

B5セル
Cells(5, 2)

B6セル
Cells(6, 2)

D5セル
Cells(5, 4)

D6セル
Cells(6, 4)

D7セル
Cells(7, 4)

この表に従って、RangeからCellsに順番に書き換えていきましょう。最初はIfステートメントの条件式です。次のようにRangeからCellsに書き換えてください。「Range("C2")」を「Cells(2, 3)」に、「Range("C5")」を「Cells(5, 3)」に変更することになります。

変更前

```
    :
    :
If Worksheets("予約").Range("C2").Value = _
  Worksheets("予約").Range("C5").Value Then
    :
    :
```

変更後

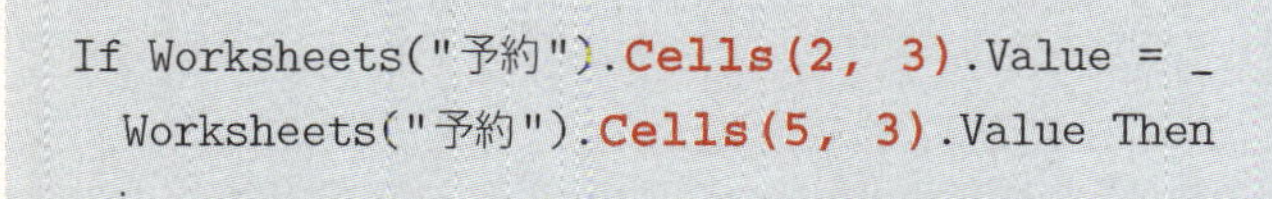

```
    :
    :
  If Worksheets("予約").Cells(2, 3).Value = _
    Worksheets("予約").Cells(5, 3).Value Then
    :
    :
```

変更し終わったら、間違えなく書き換えられたかチェックすべく、動作確認しましょう。単純にRangeからCellsに書き換えただけで、機能は一切変えてないので、Chapter04-10と同じ結果が得られるはずです。つまり、先頭の予約データが1件転記されるはずです。

では、ワークシート「予約」上に図形として配置した［予約表作成］ボタンをクリックして実行してください。すると、意図通り先頭の予約データが1件転記されることが確認できます。

書き換え前と同じく、予約データが1件転記される

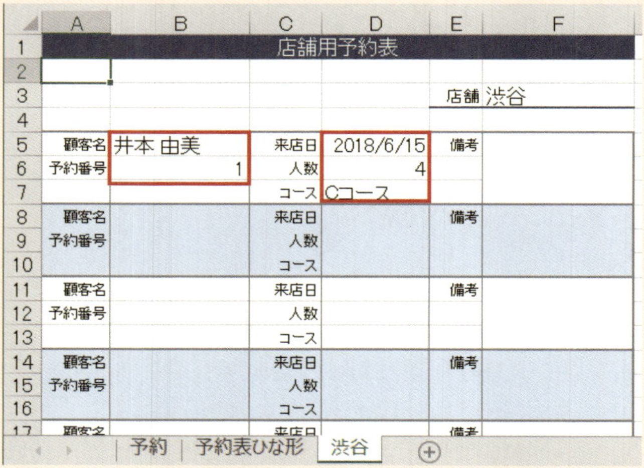

	A	B	C	D	E	F
1	店舗用予約表					
2						
3					店舗	渋谷
4						
5	顧客名	井本 由美	来店日	2018/6/15	備考	
6	予約番号	1	人数	4		
7			コース	Cコース		
8	顧客名		来店日		備考	
9	予約番号		人数			
10			コース			
11	顧客名		来店日		備考	
12	予約番号		人数			
13			コース			
14	顧客名		来店日		備考	
15	予約番号		人数			
16			コース			
17	顧客名		来店日		備考	

予約 | 予約表ひな形 | 渋谷

これで、RangeからCellsに間違えなく書き換えられたことがわかりました。確認できたら、Chapter04までと同じく、動作確認で作成されたワークシート「渋谷」を削除しておいてください。

以降、Ifステートメントの中の転記する5つの命令文も同様に、RangeからCellsにすべて書き換えます。本来は命令文を1つ書き換えたら、その都度動作確認すべきなのですが、ここでは割愛し、まとめて書き換えた後に動作確認するとします。では、先ほど整理した表に従いつつ、以下のようにコードを変更してください。

変更前

```
Sub 予約表作成()
                      :
                      :
  If Worksheets("予約").Cells(2, 3).Value = _
    Worksheets("予約").Cells(5, 3).Value Then
```

```
    Worksheets("渋谷").Range("B6").Value = _
      Worksheets("予約").Range("A5").Value
    Worksheets("渋谷").Range("B5").Value = _
      Worksheets("予約").Range("B5").Value
    Worksheets("渋谷").Range("D5").Value = _
      Worksheets("予約").Range("D5").Value
    Worksheets("渋谷").Range("D6").Value = _
      Worksheets("予約").Range("E5").Value
    Worksheets("渋谷").Range("D7").Value = _
      Worksheets("予約").Range("F5").Value
  End If
End Sub
```

変更後

```
Sub 予約表作成()
                :
                :
  If Worksheets("予約").Cells(2, 3).Value = _
    Worksheets("予約").Cells(5, 3).Value Then
    Worksheets("渋谷").Cells(6, 2).Value = _
      Worksheets("予約").Cells(5, 1).Value
    Worksheets("渋谷").Cells(5, 2).Value = _
      Worksheets("予約").Cells(5, 2).Value
    Worksheets("渋谷").Cells(5, 4).Value = _
      Worksheets("予約").Cells(5, 4).Value
    Worksheets("渋谷").Cells(6, 4).Value = _
      Worksheets("予約").Cells(5, 5).Value
    Worksheets("渋谷").Cells(7, 4).Value = _
      Worksheets("予約").Cells(5, 6).Value
  End If
End Sub
```

変更できたら、動作確認しましょう。実行し、間違えなく書き換えられていれば、先ほど同じ結果が得られるはずです。もし得られなければ、上記コードと見比べてチェックしてください。もし実行時エラーになったら、先ほどの動作確認で作成されたワークシート「渋谷」が残っていないかチェックしてください。

今回も書き換え前と同じく、予約データが1件転記される

	A	B	C	D	E	F
1	店舗用予約表					
2						
3					店舗	渋谷
4						
5	顧客名	井本 由美	来店日	2018/6/15	備考	
6	予約番号	1	人数	4		
7			コース	Cコース		
8	顧客名		来店日		備考	
9	予約番号		人数			
10			コース			
11	顧客名		来店日		備考	
12	予約番号		人数			
13			コース			
14	顧客名		来店日		備考	
15	予約番号		人数			
16			コース			
17	顧客名		来店日		備考	

予約 | 予約表ひな形 | 渋谷

では、動作確認で作成されたワークシート「渋谷」を削除して、次の【STEP2】へ進んでください。

●【STEP2】For...Nextで全体を囲んで繰り返し化

次は、現在の転記する処理のコードを丸ごとFor...Nextステートメントで囲み、繰り返すようにします。囲むコードは【STEP1】で書き換えたIfステートメント全体になります。

For...Nextステートメントのカウンタ変数は何でもよいのですが、今回は「i」とします。初期値と最終値ですが、今回は予約データの表の先頭の5行目から最後の30行目まで行方向に順に処理したいので、初期値には開始の行番号として5、最終値には終了の行番号として30を指定すればよいことになります。

では、次のように、Ifステートメントのコード全体をFor...Nextステートメントで囲むよう、コードを追加してください。単にIfステートメントの上下に追加するだけです。あわせて、Ifステートメントのコード全体を1段インデントしておきましょう。その際、該当のコードをドラッグして選択し、Tabキーを押せば、まとめてインデントできるので効率的です。

追加前

```
Sub 予約表作成()
                    :
                    :
  If Worksheets("予約").Cells(2, 3).Value = _
    Worksheets("予約").Cells(5, 3).Value Then
    Worksheets("渋谷").Cells(6, 2).Value = _
      Worksheets("予約").Cells(5, 1).Value
    Worksheets("渋谷").Cells(5, 2).Value = _
      Worksheets("予約").Cells(5, 2).Value
    Worksheets("渋谷").Cells(5, 4).Value = _
      Worksheets("予約").Cells(5, 4).Value
    Worksheets("渋谷").Cells(6, 4).Value = _
      Worksheets("予約").Cells(5, 5).Value
    Worksheets("渋谷").Cells(7, 4).Value = _
      Worksheets("予約").Cells(5, 6).Value
  End If
End Sub
```

追加後

```
Sub 予約表作成()
                    :
                    :
  For i = 5 To 30
    If Worksheets("予約").Cells(2, 3).Value = _
      Worksheets("予約").Cells(5, 3).Value Then
      Worksheets("渋谷").Cells(6, 2).Value = _
        Worksheets("予約").Cells(5, 1).Value
      Worksheets("渋谷").Cells(5, 2).Value = _
        Worksheets("予約").Cells(5, 2).Value
      Worksheets("渋谷").Cells(5, 4).Value = _
        Worksheets("予約").Cells(5, 4).Value
      Worksheets("渋谷").Cells(6, 4).Value = _
        Worksheets("予約").Cells(5, 5).Value
      Worksheets("渋谷").Cells(7, 4).Value = _
        Worksheets("予約").Cells(5, 6).Value
    End If
  Next
End Sub
```

追加できたら、ここでは動作確認は行わず、次の【STEP3】へ進んでください。

◉【STEP3】Cellsの行番号をカウンタ変数に変更

最後に、Cellsの行番号をカウンタ変数iに置き換えるようコードを変更します。現在のコードでは、転記元のセルはワークシート「予約」の5行目のみなので、Cellsの第1引数の行番号はすべて5になっています。その箇所をすべてカウンタ変数iに変更すれば、繰り返しによって5から30に1ずつ増えていくので、5行目から30行目まで行方向に順に処理できるようになります。

では、以下のように、ワークシート「予約」(親オブジェクトが「Worksheets("予約")」)のCellsの行番号をすべて5から変数iに変更してください。Ifステートメントの条件式で1箇所、転記するコードで5箇所の計6箇所を変更することになります。

変更前

```
Sub 予約表作成()
                    :
                    :
  For i = 5 To 30
    If Worksheets("予約").Cells(2, 3).Value = _
      Worksheets("予約").Cells(5, 3).Value Then
      Worksheets("渋谷").Cells(6, 2).Value = _
        Worksheets("予約").Cells(5, 1).Value
      Worksheets("渋谷").Cells(5, 2).Value = _
        Worksheets("予約").Cells(5, 2).Value
      Worksheets("渋谷").Cells(5, 4).Value = _
        Worksheets("予約").Cells(5, 4).Value
      Worksheets("渋谷").Cells(6, 4).Value = _
        Worksheets("予約").Cells(5, 5).Value
      Worksheets("渋谷").Cells(7, 4).Value = _
        Worksheets("予約").Cells(5, 6).Value
    End If
```

```
  Next
End Sub
```

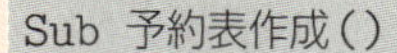

```
Sub 予約表作成()
                      :
                      :
  For i = 5 To 30
    If Worksheets("予約").Cells(2, 3).Value = _
      Worksheets("予約").Cells(i, 3).Value Then
      Worksheets("渋谷").Cells(6, 2).Value = _
        Worksheets("予約").Cells(i, 1).Value
      Worksheets("渋谷").Cells(5, 2).Value = _
        Worksheets("予約").Cells(i, 2).Value
      Worksheets("渋谷").Cells(5, 4).Value = _
        Worksheets("予約").Cells(i, 4).Value
      Worksheets("渋谷").Cells(6, 4).Value = _
        Worksheets("予約").Cells(i, 5).Value
      Worksheets("渋谷").Cells(7, 4).Value = _
        Worksheets("予約").Cells(i, 6).Value
    End If
  Next
End Sub
```

なお、条件式の比較演算子「=」の左辺にある「Cells(2, 3)」の行番号は変更不要です。このセルはワークシート「予約」のC2セルであり、予約表を作成する店舗を入力する役割のセルでした。このセルは行方向に順に処理しないので、行番号は変更してはいけません。

 予約データの転記がおかしい！　なぜ？

変更できたら、これで【STEP3】までコードを記述し終わったことになります。さっそく動作確認しましょう。実行してください。その後、ワークシート「渋谷」を見ると、次のように予約データは1件しか転記されません。

【STEP3】まで記述したのに、予約データが1件しか転記されない

	A	B	C	D	E	F
1	店舗用予約表					
2						
3					店舗	渋谷
4						
5	顧客名	山下 育朗	来店日	2018/6/19	備考	
6	予約番号	24	人数	2		
7			コース	Bコース		
8	顧客名		来店日		備考	
9	予約番号		人数			
10			コース			
11	顧客名		来店日		備考	
12	予約番号		人数			
13			コース			
14	顧客名		来店日		備考	
15	予約番号		人数			
16			コース			
17	顧客名		来店日		備考	

予約 | 予約表ひな形 | 渋谷

あれっ!?
何で!?

本節ではこれまで、予約データの表の5行目から30行目まで、行方向に順に処理するようプログラムを発展させてきたはずであり、本来ならすべての予約データが転記されてほしいところです。ワークシート「予約」のC2セルには現在「渋谷」が入力されています。予約データの表を改めて確認すると、C列「店舗」が「渋谷」のデータは計7件あるので、本来は7件すべて転記されてほしいのですが、たった1件しか転記されていません。

一体なぜでしょうか？　その理由は、実はそもそも、ここまでに作成したプログラムは、目的の店舗の予約データをすべて転記するには、処理が足りていなかったのです。【STEP1】～【STEP3】で記

述したコード――つまり、ワークシート「予約」の5～30行目を行方向に順に処理するために、CellsとFor...Nextステートメントの組み合わせを利用して、本節で記述したコード自体に誤りはありません。しかし、それだけでは、目的の店舗の予約データをすべて意図通りに転記できません。そのため、上記のような実行結果になってしまったのです。

一体どんな処理が足りかなったのか、なぜ上記のような実行結果になったのか、どう対処すればよいかは次章で改めて詳しく解説します。

先に予告的に申し上げておくと、誤りは転記先セル（ワークシート「渋谷」のセル）の処理にあります。本節ですべてのセルを処理するよう対応させたのは転記元のセル（ワークシート「予約」のセル）だけです。転記先のセル（ワークシート「渋谷」のセル）については何らコードを追加・変更していないため、すべての予約データを意図通り転記できなかったのです。

予約データを転記する処理を完成させよう

Chapter 07

01 予約データの転記がおかしいのはなぜ？

原因は転記先の行の指定に！

前章では、すべての予約データを転記すべく、予約データの表（ワークシート「予約」のA5～F30セル）の5行目から30行目まで、行方向に順に処理するようプログラムを発展させました。しかし、動作確認したところ、予約データは1件しか転記されませんでした。

このような結果になったのは、前章の最後で予告したとおり、転記先セル（ワークシート「渋谷」のセル）の処理に原因があります。転記先のセルは、Ifステートメント内の5つの命令文にて、代入演算子「=」の左辺に記述されています。それらの行番号を確認すると、すべて固定の数値が指定されたままです。

たとえば、列「予約番号」のデータを転記する命令文なら、転記先のセルは「Worksheets("渋谷").Cells(6, 2).Value」と記述しています。これでは、常に転記先セルがワークシート「渋谷」のB6セル（6行目、2列目）になってしまいます。列はB列のままでよいのですが、行は6行目のままだと、毎回6行目に転記されてしまいます。繰り返し処理するなかで、列「予約番号」のデータを転記する度に、B6セルに上書きされるかたちで毎回転記されることになります。

他のデータを転記する命令文についても、すべてCellsの行が固定されています。そのため、毎回同じ場所に転記されるので、予約データが1件しか転記されなかったのです。

転記先のCellsの行が固定の数値のまま

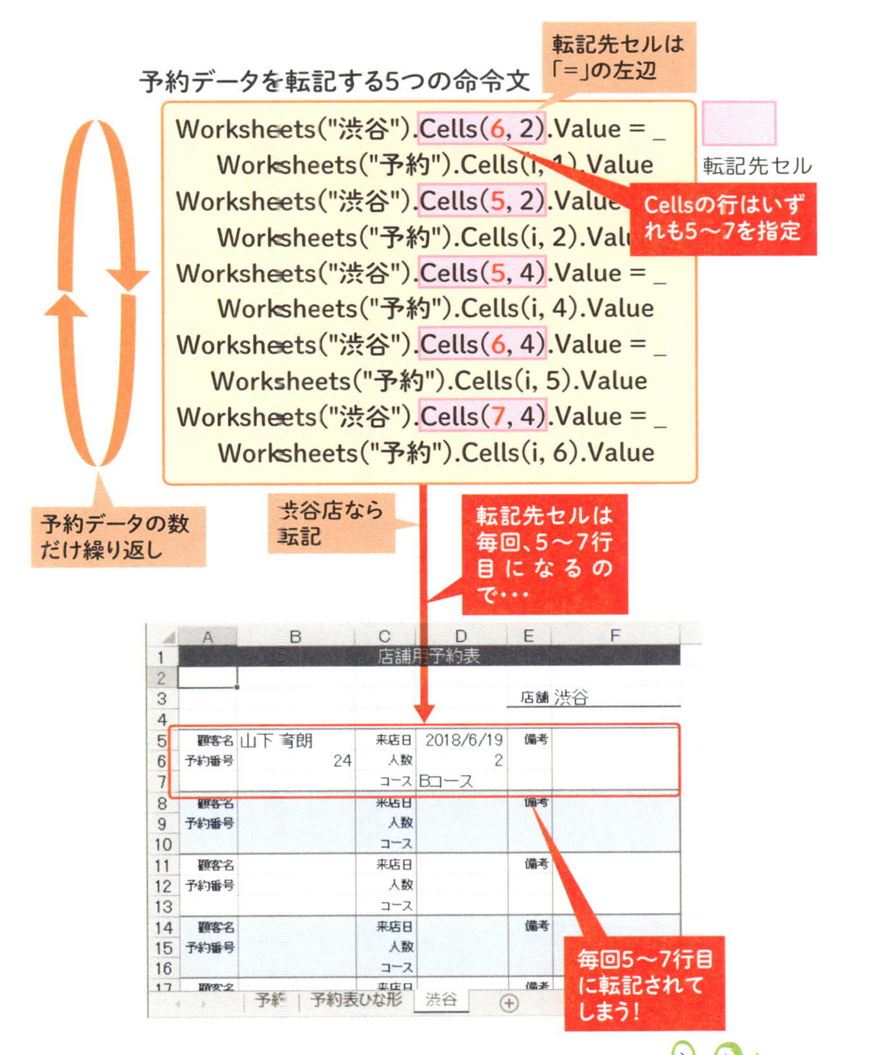

動作確認の結果からも原因が見えてくる

前ページで解説した、予約データが1件しか転記されない原因はコードを見るだけでなく、Chapter06-08での動作確認後のワークシート「渋谷」を見ても浮かび上がってきます。1件だけ転記されている予約データを確認すると、以下であることがわかります。

・顧客名　山下 育郎　・来店日 2018/6/19
・予約番号　24　・人数　2
・来店日　2018/6/19　・コース Bコース

ワークシート「予約」の表にて、上記に該当する予約データを調べると、28行目にあります。これは渋谷店の最後のデータになります。繰り返しのなかで、最初の渋谷店のデータである5行目のデータが、ワークシート「渋谷」の5～7行目に転記されます。以降、渋谷店のデータが毎回同じ場所に上書きされるかたちで転記され続けます。そして、28行目にある渋谷店の最後の予約データが転記された後に繰り返しが終了したため、このような結果に終わったのです。

以上が原因の詳細です。とはいえ、初心者がここまで的確に原因を短時間で探り当てるのは困難なことです。たとえば、転記処理は繰り返しによって毎回実行されたが、同じ転記先に上書きされたのか、それとも繰り返しがうまくいかず、転記処理は最後の1件だけしか実行されなかったかなど、なかなか判別できないものです。

実はVBEには、意図通りの実行結果が得られない原因を探すための強力な手助けとなる**デバッグ機能**が搭載されています。医療でたとえるならレントゲンやCTなどの医療機器に該当する機能であり、プログラムのどこがどうおかしいのか“見える化”できます。概要はChapter09-04で簡単に紹介します。

渋谷店の最後の予約データだけが転記された理由

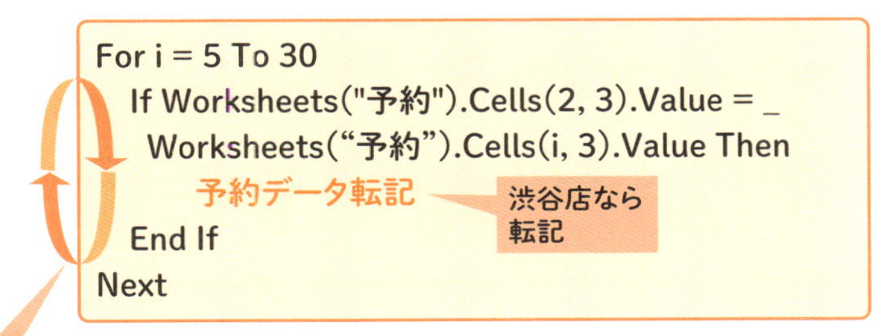

予約データの表の5～30行目を順に処理

ワークシート「予約」

渋谷店の予約データが毎回5～7行目に転記され上書き

ワークシート「渋谷」

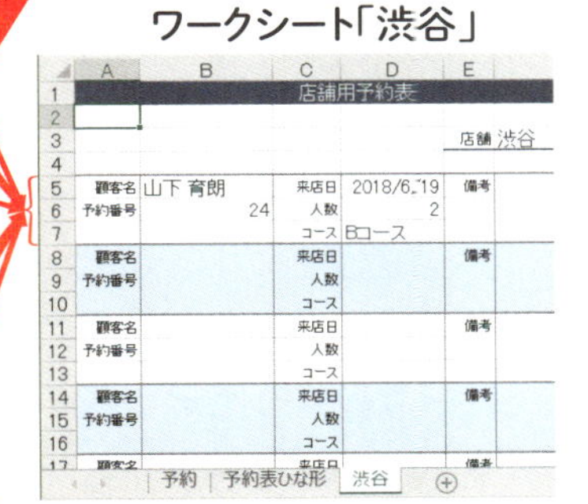

最後にこの予約データが転記される

Chapter 07

02 すべての予約データを意図通り転記するには

転記先の基準の行を3行ずつ進めていけばOK!

前節にて、予約データの転記がおかしい原因は、転記先セルの行にあるとわかりました。そこで、転記先セルの行の処理を追加します。まずは本節で、処理手順の大まかな方針を考えましょう。

問題のキモは、転記先セルの行が固定されていることです。これを予約データが1件転記されるごとに、転記先の行を下へ進めるような処理を追加すればよさそうです。

下へ進める行数はいくつにすべきでしょうか？　予約表の表を見ると右図上のように、予約データは3行で1件ぶんという構成です。よって、3行ずつ進めていけばよいでしょう。具体的には、予約表の表の先頭である5行目からスタートし、8、11、14…と3行ずつ進めます。この行は右図のように、予約データ1件ぶんの転記先となるセル範囲の先頭の行を表すことになります。そして、この行を右図上のように、転記先の基準の行として用いるとします。

続けて、基準の行を使い、各予約データはどう転記すればよいか考えましょう。予約表で1件目の予約データの転記先となるセル範囲（A5 ～ F7 セル）では、各データのセルは基準の行（5行目）から見て、右図下の位置関係です。そこで、基準の行から見て、「予約番号」と「人数」なら1行下、「コース」なら2行下というかたちで、転記先セルの行を相対的に指定するとします。

基準となる行を3行ずつ進め、各データを転記

◉転記先の基準の行を転記する度に3ずつ進める

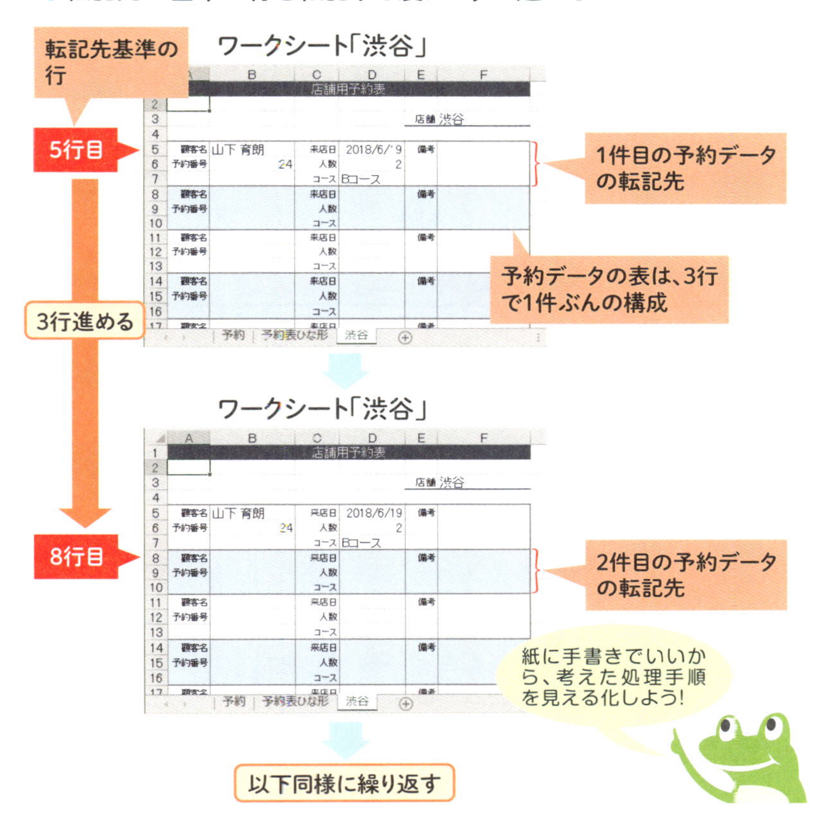

◉基準の行の行番号をもとに各予約データを転記

基準の行番号

基準の行番号

5行目

5	顧客名	山下 育朗	来店日	2018/6/19	備考
6		24	人数	2	
7			コース	Bコース	
8			来店日		備考
9	予約番号		人数		
10			コース		

基準の行番号の1行下

基準の行番号の1行下

基準の行番号の2行下

Chapter 07

転記先の基準の行番号はどう扱えばいい？

転記先の基準の行番号を変数で管理

前節で考えた方針に従い、処理手順をもっと具体的に考えましょう。転記先セルの基準となる行の行番号は、予約表の表の先頭である5行目からスタートし、転記する度に3行ずつ増やしたいのでした。

そのような処理を作る方法は何通りかありますが、今回は変数を使うとします。基準の行番号の数値を変数で管理するのです。変数を新たに用意し、まずは5を入れます。この5は、渋谷店の1件目の予約データの転記先の基準の行番号です。そして、2件目の予約データは、その変数の値を3増やしてから転記します。3件目以降の予約データも同様に3ずつ増やしていきます。

次に、各予約データの転記先の行番号はその変数を用いてどう指定すればよいかを考えます。各予約データの転記先セルの位置関係は前節で確認しました。そのため、Cellsの第1引数に指定する行は右図下のように、「顧客」と「来店日」は転記先の基準の行番号の変数そのもの、「予約番号」と「人数」は1行下なので、その変数に1を足した値、「コース」は2行下なので、その変数に2を足した値となります。

このように転記先の基準の行番号の変数を用いて、Cellsの第1引数の行に指定すれば、各予約データを意図通り転記できるでしょう。

転記先の基準の行番号は変数で管理

◉転記先の基準の行番号を変数に格納し、転記する度に3ずつ増やす

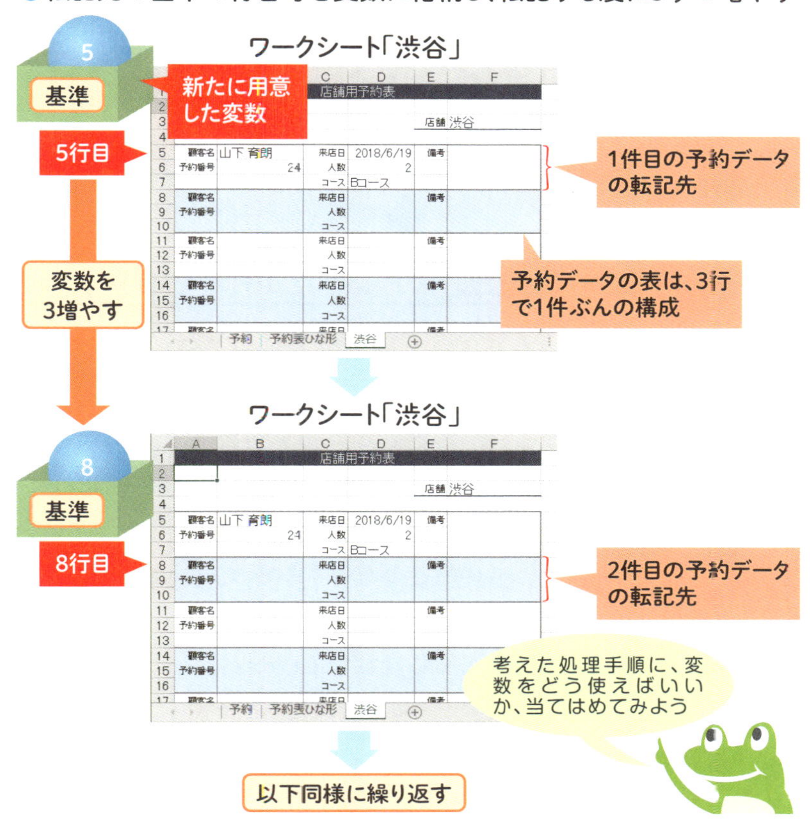

◉基準の行番号の変数を用いて転記先の行を指定

変数の値
変数の値
5行目
顧客名 山下 育朗
来店日 2018/6/19
備考
24
人数 2
変数の値+1
変数の値+1
コース Bコース
5
基準
顧客名
予約番号
来店日
人数
コース
備考
変数の値+2

Chapter 07

変数の値を3増やすには

「変数 = 変数 + 数値」の形式のコードで増やす

前節で、予約データを意図通り転記する処理手順を考えました。本節では、その方法で必要な「変数の値を3増やす」を学びます。

変数の値に変更するには、変更したい値を上書きするかたちで変数に代入すればよいのでした。変数の値を3増やす処理も基本的に代入になります。そのコードの形式は右図の通り「変数 = 変数 + 数値」です。たとえば、変数hogeの値を3増やすなら、「hoge = hoge + 3」と記述します。

このコードは「=」の両辺に同じ変数hogeがあり、それでいて右辺だけには「+ 3」が付いており、一見違和感をおぼえるでしょう。このコードの解釈のやり方のポイントは、まずは「=」は“等しい”ではなく、“代入”であることを強く意識することです。代入なので、「=」の右辺の値が左辺の変数に格納されます。

そして、代入の「=」の右辺に「+」など演算するコードが記述されていたら、演算を先に行ってから代入するという処理の決まりになっています。そのため、先に「hoge + 3」が実行され、その結果が左辺のhogeに代入されます。上書きされるかたちで代入されるので、hogeの値が3増えた値に変更されることになります。よって、「hoge = hoge + 3」を実行する度に、変数hogeの値が3ずつ増やせるのです。次節で体験していただきます。

「変数 = 変数 + 数値」の形式のコードの意味

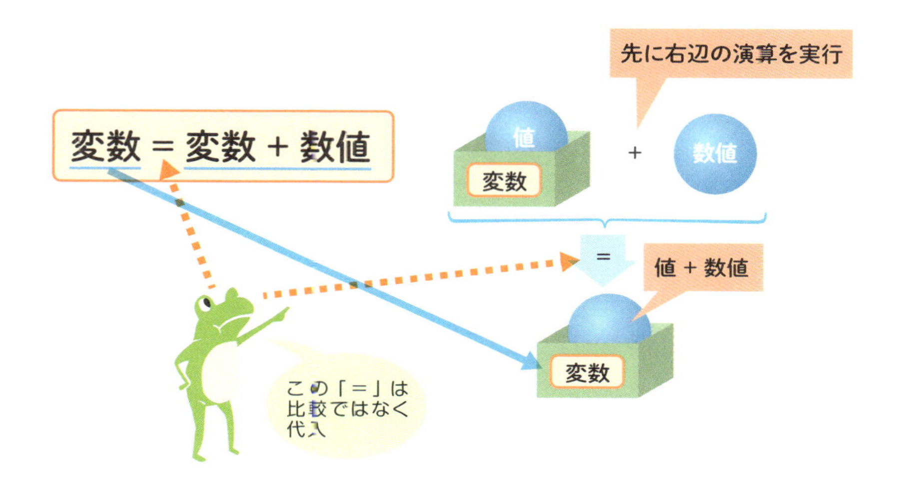

たとえば、変数hogeの値が5なら…

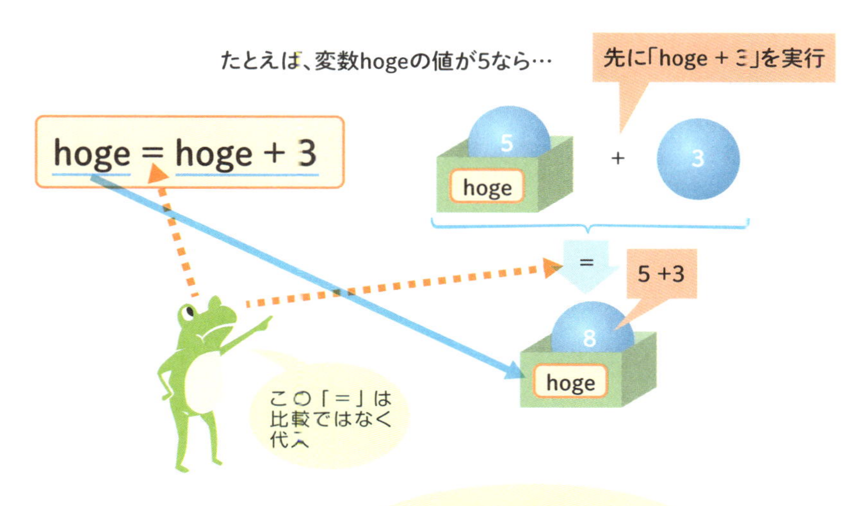

変数hogeの値は最初5だったけど、「hoge = hoge+ 3」で3増やして8になったね

Chapter 07 05

変数を3ずつ増やす体験をしよう

「変数 = 変数 + 数値」のコードで3ずつ増やす

前節で変数を3ずつ増やす方法を学んだところで、一度体験してみましょう。今回は変数hogeを使い、3ずつ増やした値をメッセージボックスに表示していくとします。

今回は変数hogeの最初の値は5とします。では、Subプロシージャ「test」の中身を一度すべて削除した後、以下のように、変数hogeを用意して5を格納するコード、およびメッセージボックスに変数hogeを表示するコードを記述してください。

```
Sub test()
  hoge = 5
  MsgBox hoge
End Sub
```

実行すると、メッセージボックスに「5」が表示されます。

メッセージボックスに「5」が表示される

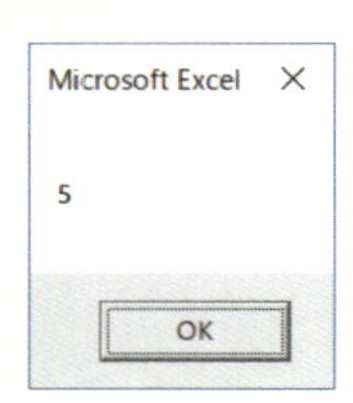

次に、変数hogeの値を3増やすコードを追加し、再びメッセージボックスに表示してみましょう。変数hogeの値を3増やすコードは前節で学んだとおり「hoge = hoge + 3」です。では、このコードとメッセージボックスに表示するコードを次のように追加してください。

追加前

```
Sub test()
  hoge = 5
  MsgBox hoge
End Sub
```

追加後

```
Sub test()
  hoge = 5
  MsgBox hoge
  hoge = hoge + 3
  MsgBox hoge
End Sub
```

実行すると、メッセージボックスに「5」が表示された後、続けてメッセージボックスに「8」が表示されます。意図通り変数hogeの値を5から3増やして8にすることができました。

変数hogeの値を5から3増やして8になった

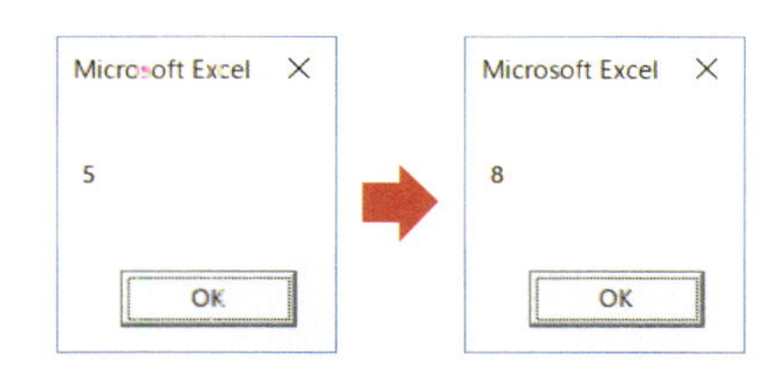

ここでさらに、変数hogeの値を3増やすコードとメッセージボックスに表示するコードを追加してみましょう。

追加前

```
Sub test()
  hoge = 5
  MsgBox hoge
  hoge = hoge + 3
  MsgBox hoge
End Sub
```

追加後

```
Sub test()
  hoge = 5
  MsgBox hoge
  hoge = hoge + 3
  MsgBox hoge
  hoge = hoge + 3
  MsgBox hoge
End Sub
```

実行すると、メッセージボックスに「5」が表示され後、続けてメッセージボックスに「8」、さらに続けて「11」が表示されます。意図通り変数hogeの値を5から3増ずつやして8、11にすることができました。

5から3増ずつやして8、11になった

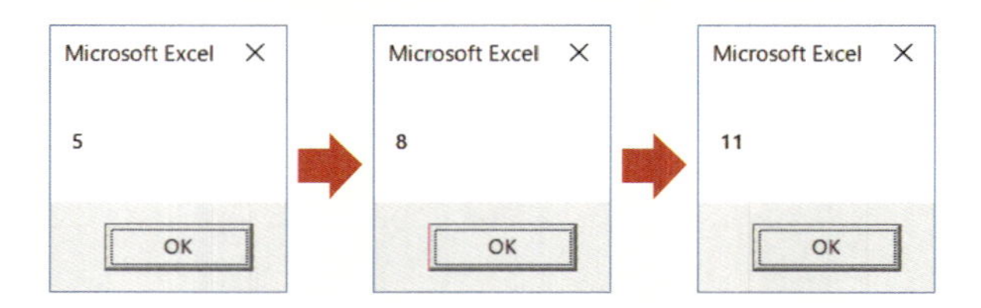

このように「hoge = hoge + 3」を記述する数を増やす度に、変数hogeの値が3ずつ増えていきます。

 繰り返しと組み合わせてみよう

さて、ここからは、今まで同様に変数hogeの値を3増やすコードとメッセージボックスに表示するコードをいちいち追加するのではなく、繰り返しと組み合わせてみましょう。コードを次のように変更してください。For...Nextステートメントの変数名は重複しなければ何でもよいのですが、今回は「j」とします。繰り返す回数は5回としています。

```
Sub test()
  hoge = 5

  For j = 1 To 5
    MsgBox hoge
    hoge = hoge + 3
  Next
End Sub
```

実行すると、次のようにメッセージボックスが5回表示され、「5」、「8」、「11」、「14」、「17」と表示されます。

「5」、「8」、「11」、「14」、「17」と表示される

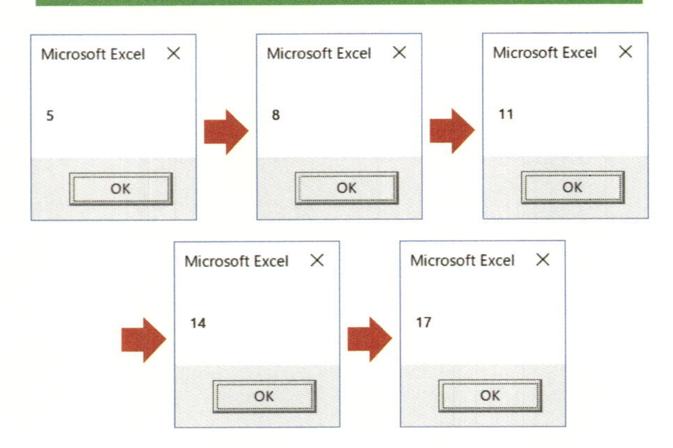

メッセージボックスに表示されたように、変数hogeの値が5、8、11、14、17と3ずつ増えていきました。最初にコード「hoge = 5」によって変数hogeに5を格納しています。その後、For...Nextステートメントによって、2つの命令文を5回繰り返し実行しています。

1つ目は変数hogeの値をメッセージボックスに表示する処理です。2つ目は、変数hogeの値を3増やす処理「hoge = hoge + 3」です。この2つの命令文を5回実行しています。繰り返す度に「hoge = hoge + 3」が実行され、変数hogeの値が3ずつ増えていくので、このような実行結果になったのです。

なお、繰り返しの5回目では右図の通り、変数hogeの値は17から20に増やされています。しかし、メッセージボックスにその値は表示されませんでした。なぜなら、メッセージボックスに表示する命令文「MsgBox hoge」は、3増やす命令文「hoge = hoge + 3」の前に記述されているのでした。そして、繰り返しは5回で終了するので、20に増やされた変数hogeをメッセージボックスに表示する処理は実行されず、プログラム全体が終了します。そのため、実行結果ではメッセージボックスに17までしか表示されないのです。

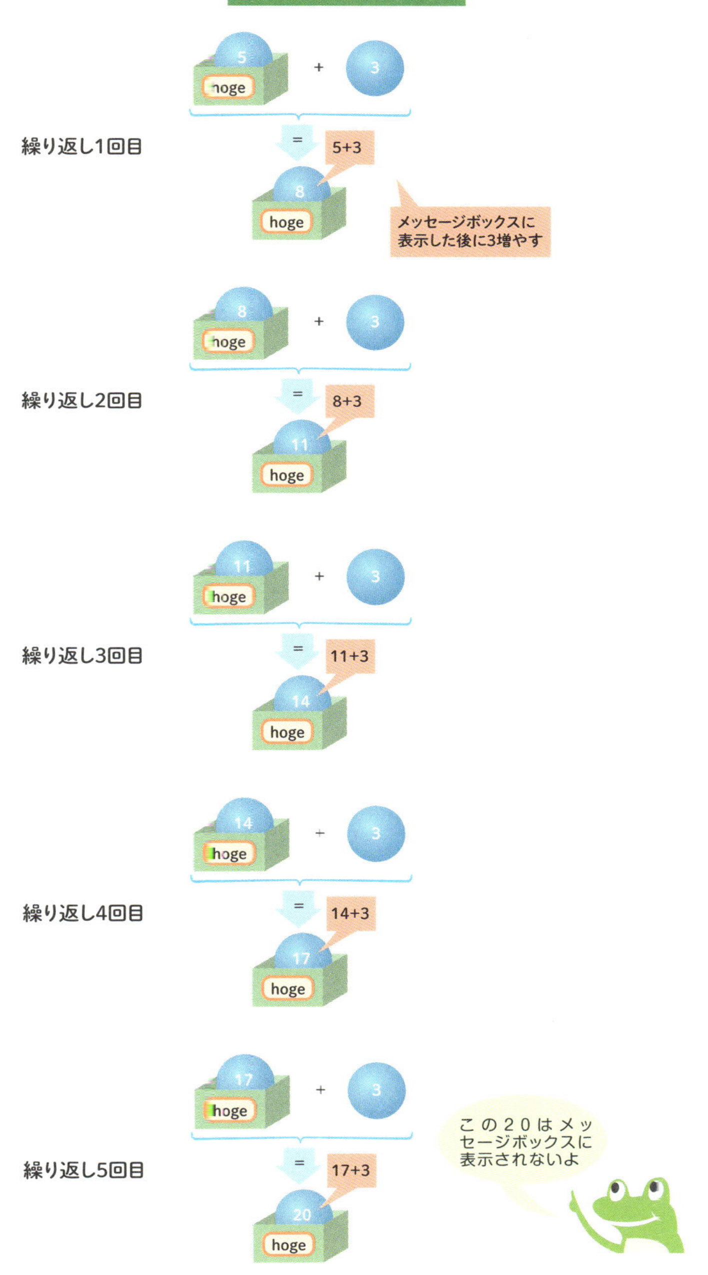
体験のコードの動作
5
hoge
+
3
繰り返し1回目
=
5+3
8
hoge
メッセージボックスに
表示した後に3増やす
8
hoge
+
3
繰り返し2回目
=
8+3
11
hoge
11
hoge
+
3
繰り返し3回目
=
11+3
14
hoge
14
hoge
+
3
繰り返し4回目
=
14+3
17
hoge
17
hoge
+
3
繰り返し5回目
=
17+3
20
hoge
この20はメッセージボックスに表示されないよ

Chapter 07

予約データを意図通り転記するようコードを追加・変更

転記先セルの行の処理を段階的に発展させる

それでは本節にて、すべての予約データを意図通りに転記できるよう、Subプロシージャ「予約表作成」のコードを発展させていきましょう。そのコードは段階的に作っていくとします。転記先の基準の行番号をChapter07-03（206ページ）で考えたように変数で処理するように発展させます。その際、目的のコードをいきなり記述しようとすると初心者には難しいので、次の2段階を踏むとします。

●【STEP1】転記先セルのCellsの行を固定の数値から変数に置き換える

まずは予約データを転記する現状の処理を、転記先の基準の行番号の変数を使ったかたちにコードを書き換えます。現状では、転記先セルのCellsの行に5～7の固定の数値が指定されているため、すべての予約データが予約表の表の5～7行目に上書きされるかたちで転記されるプログラムになっているのでした。このCellsの行の部分を単純に、前節で考えた変数を基準に指定するコードに置き換えます。転記先の基準の行番号の変数を3ずつ増やす処理は、この段階では加えません。

◉【STEP2】転記先の基準の行番号の変数の値を3ずつ増やす処理を追加

【STEP1】はCellsの行に指定していた固定の数値を、変数を使ったコードに単純に置き換えるだけです。その変数の値は繰り返しのなかで変化させておらず、最初に代入した数値のまま固定で処理することになるため、このままでは意図通り予約データを予約表の表に3行おきに転記できません。そこで、意図通り転記されるようコードを追加・変更します。

転記先の行を処理するコードを段階的に発展

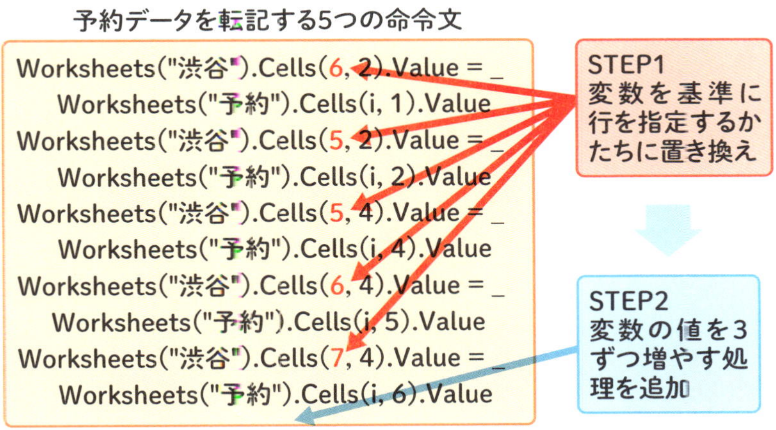

予約データを転記する5つの命令文

```
Worksheets("渋谷").Cells(6, 2).Value = _
    Worksheets("予約").Cells(i, 1).Value
Worksheets("渋谷").Cells(5, 2).Value = _
    Worksheets("予約").Cells(i, 2).Value
Worksheets("渋谷").Cells(5, 4).Value = _
    Worksheets("予約").Cells(i, 4).Value
Worksheets("渋谷").Cells(6, 4).Value = _
    Worksheets("予約").Cells(i, 5).Value
Worksheets("渋谷").Cells(7, 4).Value = _
    Worksheets("予約").Cells(i, 6).Value
```

STEP1
変数を基準に行を指定するかたちに置き換え

STEP2
変数の値を3ずつ増やす処理を追加

さっそく【STEP1】に取りかかりましょう。まずは転記先の基準の行番号の変数の名前を決めましょう。何でもよいのですが、今回は「rw」とします。では、転記先の行番号の部分を変数rwを使ったかたちに書き換えていきましょう。

書き換えに先立ち、まずは変数rwを用意して、転記先の基準の行番号の最初の数値を格納するコードを追加しましょう。予約表の表はChapter07-03までに確認したように、ワークシート「渋谷」の5

行目から始まるのでした。よって、変数rwには5を最初に格納すればよいことになります。そのコードは以下です。

```
rw = 5
```

このコードをSubプロシージャ「予約表作成」に追加しましょう。追加する場所ですが、変数rwは予約データの転記処理に使うため、その処理のコードの前に記述する必要があります。転記処理はFor...Nextステートメントのコードです。よって、「rw = 5」はFor...Nextステートメントの前に追加します。では、以下のようにコード「rw = 5」を追加してください。今回、コードをより見やすくするため、前後は1行空けるとします。

追加前

```
Sub 予約表作成()
  Worksheets("予約表ひな形").Copy _
    After:=Worksheets("予約表ひな形")
  Worksheets(3).Name = Worksheets("予約").Range("C2").Value
  Worksheets("渋谷").Range("F3").Value = _
    Worksheets("予約").Range("C2").Value

  For i = 5 To 30
    If Worksheets("予約").Cells(2, 3).Value = _
      Worksheets("予約").Cells(i, 3).Value Then
        :
        :
End Sub
```

追加後

```
Sub 予約表作成()
  Worksheets("予約表ひな形").Copy _
    After:=Worksheets("予約表ひな形")
```

```
  Worksheets(3).Name = Worksheets("予約").Range("C2").Value
  Worksheets("渋谷").Range("F3").Value = _
    Worksheets("予約").Range("C2").Value

  rw = 5

  For i = 5 To 30
    If Worksheets("予約").Cells(2, 3).Value = _
      Worksheets("予約").Cells(i, 3).Value Then
        :
        :
End Sub
```

「予約番号」の転記先の行を変数rwで指定するよう書き換え

この変数rwを使って、転記先セルのコードを書き換えましょう。書き換えるのは、列「顧客名」～「コース」の予約データを転記する5つの命令文です。そのコードはFor...Nextステートメント内にあるIfステートメントの中に記述されているのでした。そして転記先セルは代入演算子「=」の左辺に、Cellsを用いて記述しているのでした。それらの親オブジェクトはワークシート「渋谷」の「Worksheets("渋谷")」です。

それらのCellsの第1引数の行について、現在は5～7の固定の数値で指定している箇所を、変数rwを使ったかたちに書き換えていきます。たとえば、予約データを転記する1つめの命令文は、「予約番号」のデータを転記する命令文でした。そのコードは現在以下のように記述しています。

```
Worksheets("渋谷").Cells(6, 2).Value = _
        Worksheets("予約").Cells(i, 1).Value
```

転記先セルは代入演算子「=」の左辺の「Worksheets("渋谷").Cells(6, 2).Value」です。行はCellsの第1引数に「6」を指定しています。この「6」を、変数rwを使って書き換えます。

「予約番号」のデータの転記先セルの行はChapter07-03で整理したように、転記先の基準の行番号の1行下でした。転記先の基準の行番号は変数rwで管理するのでした。したがって、転記先の基準の行番号の1行下は、変数rwに1を足した「rw + 1」となります。よって、転記先セルのCellsの第1引数の行を「6」から、「rw + 1」に書き換えればよいことになります。

```
Worksheets("渋谷").Cells(rw + 1, 2).Value = _
        Worksheets("予約").Cells(i, 1).Value
```

また、先ほど、変数rwに5を代入するコードを追加しました。現在指定している行番号の「6」は、5に1を足した値なので、変数rwに1を足した値と同じことになります。

Cellsの行の「6」をどう書き換えればよいかわかったところで、Subプロシージャ「予約表作成」の該当箇所を上記のように変更しましょう。

変更前

```
      :
      :
rw = 5

For i = 5 To 30
  If Worksheets("予約").Cells(2, 3).Value = _
    Worksheets("予約").Cells(i, 3).Value Then
    Worksheets("渋谷").Cells(6, 2).Value = _
      Worksheets("予約").Cells(i, 1).Value
      :
      :
```

変更後

```
        :
        :
rw = 5

For i = 5 To 30
  If Worksheets("予約").Cells(2, 3).Value = _
    Worksheets("予約").Cells(i, 3).Value Then
    Worksheets("渋谷").Cells(rw + 1, 2).Value = _
      Worksheets("予約").Cells(i, 1).Value
        :
        :
```

変更できたら、念のために動作確認しましょう。すると、次のような結果が得られます。

「予約番号」の転記先行番号を変数rwで書き換えた後の実行結果

	A	B	C	D	E	F
1	店舗用予約表					
2						
3					店舗	渋谷
4						
5	顧客名	山下 育朗	来店日	2018/6/19	備考	
6	予約番号	24	人数	2		
7			コース	Bコース		
8	顧客名		来店日		備考	

ここまでに変数rwに5を代入するコード「rw = 5」を追加しました。そして、予約データの「予約番号」を転記する命令文を、転記先セルの行を「6」から「rw + 1」に変更しました。先ほど述べたとおり、変数rwには5が格納されており、そのあとに値を変更していないので、「rw + 1」は6になります。「予約番号」の転記先の行は変更前と同じ6行目になるので、同じ結果が得られたのです。では、ワークシート「渋谷」を削除して次に進んでください。

残りの4つの命令文も転記先の行番号を変数rwで書き換え

これで、予約データを転記する5つの命令文のうち、「予約番号」を転記する命令文の転記先の行を、変数rwを使ったかたちに書き換えられました。残りの4つの命令文も同様に書き換えましょう。本来は命令文を1つ書き換えたら、その都度動作確認したいところですが、今回は割愛します。

残り4つの命令文における転記先セルの行番号は、改めて整理すると以下のようになります。

・2つ目の命令文（「顧客名」を転記）
　現状：　　　転記先セルは「Cells(5, 2)」。行番号は5を指定
　行番号：　　転記先の基準の行番号と同じ
　書き換え：　変数rwと同じ値　→「rw」に変更

・3つ目の命令文（「来店日」を転記）
　現状：　　　転記先セルは「Cells(5, 4)」。行番号は5を指定
　行番号：　　転記先の基準の行番号と同じ
　書き換え：　変数rwと同じ値　→「rw」に変更

・4つ目の命令文（「人数」を転記）
　現状：　　　転記先セルは「Cells(6, 4)」。行番号は6を指定
　行番号：　　転記先の基準の行番号の1行下
　書き換え：　変数rwに1を足した値　→「rw + 1」に変更

・5つ目の命令文（「コース」を転記）
　現状：　　　転記先セルは「Cells(7, 4)」。行番号は7を指定
　行番号：　　転記先の基準の行番号の2行下
　書き換え：　変数rwに2を足した値　→「rw + 2」に変更

変数rwを使って各データの転記先行番号を指定

では、上記を踏まえ、予約データを転記する命令文の残り4つを変更してください。

変更前

```
    :
    :
Worksheets("渋谷").Cells(rw + 1, 2).Value = _
  Worksheets("予約").Cells(i, 1).Value
Worksheets("渋谷").Cells(5, 2).Value = _
  Worksheets("予約").Cells(i, 2).Value
Worksheets("渋谷").Cells(5, 4).Value = _
  Worksheets("予約").Cells(i, 4).Value
Worksheets("渋谷").Cells(6, 4).Value = _
  Worksheets("予約").Cells(i, 5).Value
Worksheets("渋谷").Cells(7, 4).Value = _
  Worksheets("予約").Cells(i, 6).Value
    :
    :
```

変更後

```
    :
    :
Worksheets("渋谷").Cells(rw + 1, 2).Value = _
  Worksheets("予約").Cells(i, 1).Value
Worksheets("渋谷").Cells(rw, 2).Value = _
  Worksheets("予約").Cells(i, 2).Value
Worksheets("渋谷").Cells(rw, 4).Value = _
```

```
  Worksheets("予約").Cells(i, 4).Value
Worksheets("渋谷").Cells(rw + 1, 4).Value = _
  Worksheets("予約").Cells(i, 5).Value
Worksheets("渋谷").Cells(rw + 2, 4).Value = _
  Worksheets("予約").Cells(i, 6).Value
      :
      :
```

変更できたら、動作確認しましょう。転記のコードは変数rwを使って書き換えましたが、1つ目の命令文と同じく、機能自体は変えていないので、先ほどと同じ結果が得られます。もし、転記先セルがズレるなど実行結果がおかしければ、コードを見直して修正してください。

残り４つの命令文も転記先の行を変数rwで書き換えた実行結果

	A	B	C	D	E	F
1	店舗用予約表					
2						
3					店舗	渋谷
4						
5	顧客名	山下 育朗	来店日	2018/6/19	備考	
6	予約番号	24	人数	2		
7			コース	Bコース		
8	顧客名		来店日		備考	
9	予約番号		人数			
10			コース			
11	顧客名		来店日		備考	
12	予約番号		人数			
13			コース			
14	顧客名		来店日		備考	
15	予約番号		人数			
16			コース			
17	顧客名		来店日		備考	
18	予約番号		人数			
19			コース			
20	顧客名		来店日		備考	
21	予約番号		人数			
22			コース			
23	顧客名		来店日		備考	
24	予約番号		人数			
25			コース			
26	顧客名		来店日		備考	
27	予約番号		人数			
28			コース			
29						
30						

予約　予約表ひな形　渋谷

同じ結果が得られる

確認できたら、ワークシート「渋谷」を削除し、次へ進んでください。

変数rwを3ずつ増やす処理を追加しよう

これで、転記先セルの行は変数rwを使ったかたちにコードを書き換えられました。これから【STEP2】に取りかかります。いよいよ、すべての予約データを当初の目的通り、予約表の表へ3行おきに順に転記できるよう、コードを追加・変更していきます。

そのように転記するには、転記する度に、転記先セルの基準の行番号を3ずつ増やしていけばよいのでした。転記先セルの基準の行番号は変数rwに格納されているので、この変数rwの値を3ずつ増やしていけばよいことになります。そのコードは以下になります。前々節で学んだ「変数 = 変数 + 数値」の形式です。

```
rw = rw + 3
```

このコードはどこに追加すればよいでしょうか？　転記先セルの行番号を3ずつ増やしたいのは、予約データを1件転記した後でした。予約データを転記する5つの命令文は、Ifステートメント内に記述しているのでした。したがって、「rw = rw + 3」を追加する場所は、予約データを転記する5つの命令文の後ろであるとわかります。では、その場所へ次のように追加してください。今回はコードの見やすさを考慮し、1行空けてから追加するとします。

追加前

```
    :
    :
  For i = 5 To 30
    If Worksheets("予約").Cells(2, 3).Value = _
      Worksheets("予約").Cells(i, 3).Value Then
      Worksheets("渋谷").Cells(rw + 1, 2).Value = _
```

```
        Worksheets("予約").Cells(i, 1).Value
      Worksheets("渋谷").Cells(rw, 2).Value = _
        Worksheets("予約").Cells(i, 2).Value
      Worksheets("渋谷").Cells(rw, 4).Value = _
        Worksheets("予約").Cells(i, 4).Value
      Worksheets("渋谷").Cells(rw + 1, 4).Value = _
        Worksheets("予約").Cells(i, 5).Value
      Worksheets("渋谷").Cells(rw + 2, 4).Value = _
        Worksheets("予約").Cells(i, 6).Value
    End If
  Next
    :
    :
```

追加後

```
    :
    :
  For i = 5 To 30
    If Worksheets("予約").Cells(2, 3).Value = _
      Worksheets("予約").Cells(i, 3).Value Then
      Worksheets("渋谷").Cells(rw + 1, 2).Value = _
        Worksheets("予約").Cells(i, 1).Value
      Worksheets("渋谷").Cells(rw, 2).Value = _
        Worksheets("予約").Cells(i, 2).Value
      Worksheets("渋谷").Cells(rw, 4).Value = _
        Worksheets("予約").Cells(i, 4).Value
      Worksheets("渋谷").Cells(rw + 1, 4).Value = _
        Worksheets("予約").Cells(i, 5).Value
      Worksheets("渋谷").Cells(rw + 2, 4).Value = _
        Worksheets("予約").Cells(i, 6).Value

      rw = rw + 3
    End If
  Next
```

追加できたら、動作確認しましょう。すると、渋谷店のすべての予約データが5～7行目だけでなく、意図通り3行おきに転記されることが確認できます。

渋谷店のすべての予約データが3行おきに転記された

	A	B	C	D	E	F
1	店舗用予約表					
2						
3					店舗	渋谷
4						
5	顧客名	井本 由美	来店日	2018/6/15	備考	
6	予約番号	1	人数	4		
7			コース	Cコース		
8	顧客名	中鉢 朋子	来店日	2018/6/15	備考	
9	予約番号	5	人数	6		
10			コース	Bコース		
11	顧客名	深見 奈緒子	来店日	2018/6/15	備考	
12	予約番号	6	人数	2		
13			コース	Cコース		
14	顧客名	山岡 洋宣	来店日	2018/6/16	備考	
15	予約番号	10	人数	4		
16			コース	Cコース		
17	顧客名	小見山 尚子	来店日	2018/6/17	備考	
18	予約番号	17	人数	2		
19			コース	Dコース		
20	顧客名	鈴木 真利子	来店日	2018/6/18	備考	
21	予約番号	19	人数	4		
22			コース	Cコース		
23	顧客名	山下 育朗	来店日	2018/6/19	備考	
24	予約番号	24	人数	2		
25			コース	Bコース		
26	顧客名		来店日		備考	
27	予約番号		人数			
28			コース			
29						
30						

予約 | 予約表ひな形 | 渋谷

これで、すべての渋谷店の予約データを予約表のワークシート「渋谷」へ、意図通り3行おきに転記できるようになりました。渋谷店の予約データがちゃんとすべて転記されているか、予約データの表と見比べながら確かめてみましょう。

本節のおさらいをすると、変数rwを転記先セルの行の指定に使うよう追加しました。この変数rwは、転記先の基準の行番号を管理する変数です。そして、「予約番号」をはじめ、それぞれの予約データの転記先セルにおけるCellsの行を、変数rwを使って相対的に指定するよう変更しました。変数rwの値については、最初に5を代入し、その後は繰り返しの中で転記する度に3ずつ増やすコードを追加しました。そのため、予約データは5行目からスタートし、3行おきに転記できるようになったのです。

次の図に、この変数rwおよび変数iの値の変化と転記の流れをまとめました。変数iは、ワークシート「予約」の5～30行目を繰り返し順に処理するために用いるカウンタ変数でした。どのようなコードが書かれているゆえに、両変数の値がどのような動きをしているのかを確認しておきましょう。

各予約データの転記時の2つの変数の値

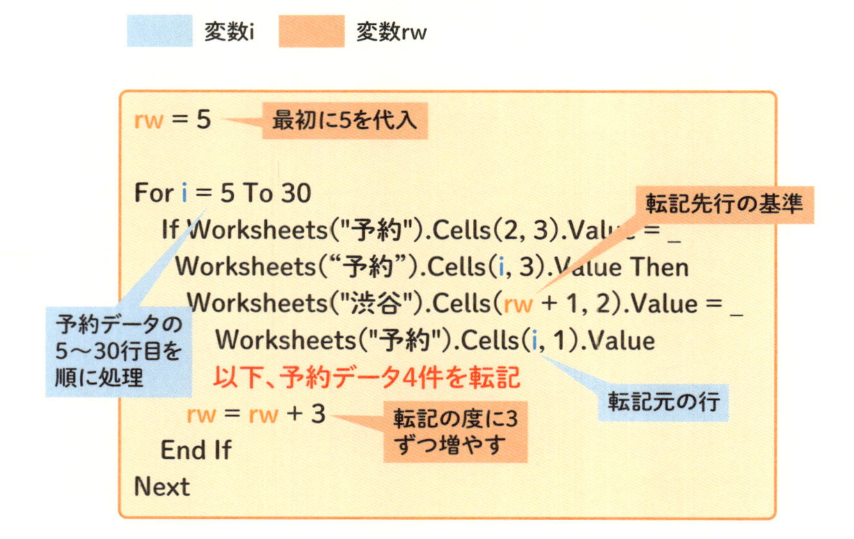

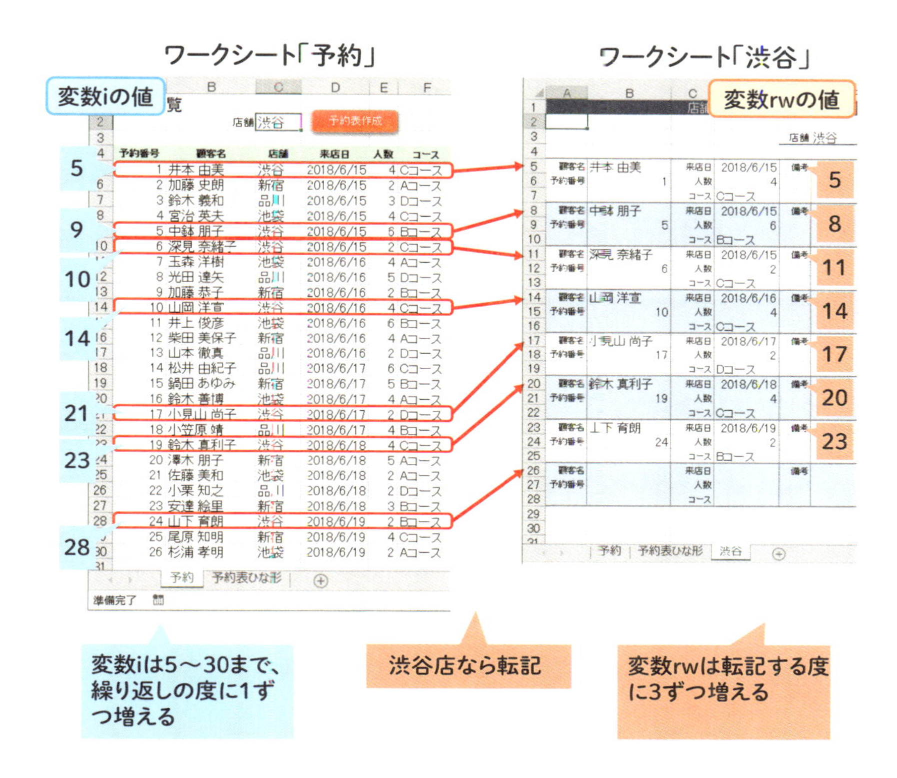

さて、Subプロシージャ「予約表作成」はこの時点では、対象の店舗は渋谷店で固定となっています。次は渋谷店以外の店舗にも対応できるようプログラムを発展させます。

その前に、次節Chapter07-07から08にかけて、変数rwについてのポイントなどを詳しく解説します。渋谷店以外も対応可能とするプログラムの発展はChapter07-09にて取り組みます。

Chapter 07

実は大事！　変数rwの値を変更するコードを書く場所

コード自体は正しくても記述場所を誤ると…

前節では、変数rwの値を変更する処理として、最初に5を格納するコード「rw = 5」、3ずつ増やすコード「rw = rw + 3」を記述しました。この2つのコードの記述場所は、実は非常に重要です。

たとえば、「rw = rw + 3」を右図上のように、Ifステートメントの中ではなく、外となる「End If」の後ろに記述したとします。変数rwは予約データ転記したら3ずつ増やしたいのでした。予約データを転記するのはIfステートメントの中に入った時だけです。言い換えると、変数rwを3ずつ増やしたいのは、If以下に入った時だけです。

それなのに、「rw = rw + 3」をIfステートメントの外に記述してしまうと、渋谷店ではない場合で条件式が不成立となり、If以下に入らず転記されない場合でも、変数rwが3ずつ増やされます。言い換えると、繰り返しの度に無条件に3ずつ増えるようになります。そのため、転記先セルの行番号がおかしくなります。

また、「rw = 5」をたとえば右図下のように、For...Nextステートメントの中に記述してしまうと、繰り返しの度に変数rwは5が代入されるので、せっかく3ずつ増やしてもすぐに5に戻ってしまい、転記先セルの行番号がおかしくなってしまいます。このようにコード自体は正しくても、記述する場所が正しくなければ、プログラムは意図通り動作しなくなってしまうので、十分注意しましょう。

記述場所を誤ると意図通り動作しない

⦿変数rwの値を3ずつ増やすコードをIfステートメントの下に書いてしまうと…

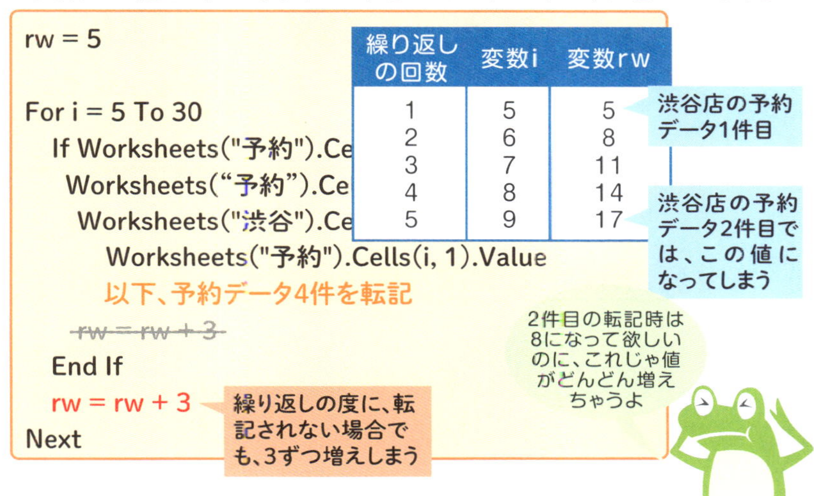

繰り返しの回数	変数i	変数rw
1	5	5
2	6	8
3	7	11
4	8	14
5	9	17

⦿変数rwに5を格納するコードをFor…Nextステートメントの中に書いてしまうと…

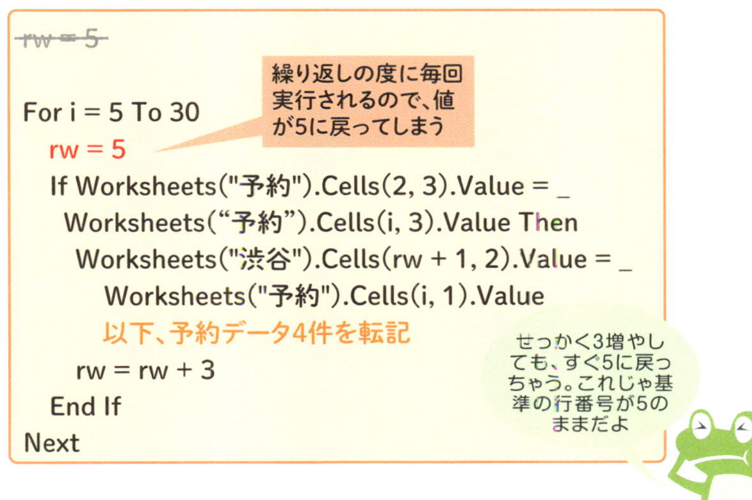

Chapter 07

そもそも変数rwでなく、変数iを使っちゃダメなの？

なぜ転記先の行を変数iとは別の変数で管理するのか

変数rwでもうひとつ気をつけてほしいのは、変数iとは別の変数を新たに用意して使うことです。変数iを転記先の基準の行番号にも使うと、意図通り転記できません。

変数iはもともと、ワークシート「予約」の5～30行目を行方向に順に繰り返しで処理するためのカウンタ変数であり、転記元セルの行番号を表すものでした。この変数iをもし、転記先セルの基準の行番号としてCellsの行に用いてしまうと、どうなるでしょうか？　右図上のように、2件目の渋谷店の予約データは転記元の表の9行目にあるため、転記する際、変数iの値は9になっているので、転記先の基準の行番号も9になってしまいます。それゆえ、転記先の基準の行番号は、変数iとは別の変数で管理しなければならないのです。

とはいえ、初心者がいきなり「変数iとは別の変数を使う」という発想にはならないものです。右図下のように、「行番号が固定の数値ではダメ」を出発点に、試行錯誤を重ねつつ、“正解”にたどり着くようにしましょう。その際、「デバッグ機能」(322ページ参照）が強力な手助けとなります。また、Chapter03-07（70ページ）では、「必要な変数は作りながら考えればOK」と解説しましたが、このような試行錯誤こそが“作りながら考える”であり、プログラミングのコツでもあるのです。

もし転記先の基準の行番号にも変数iを使うと…

◉転記先セルのCellsの行を変数iで指定したコード

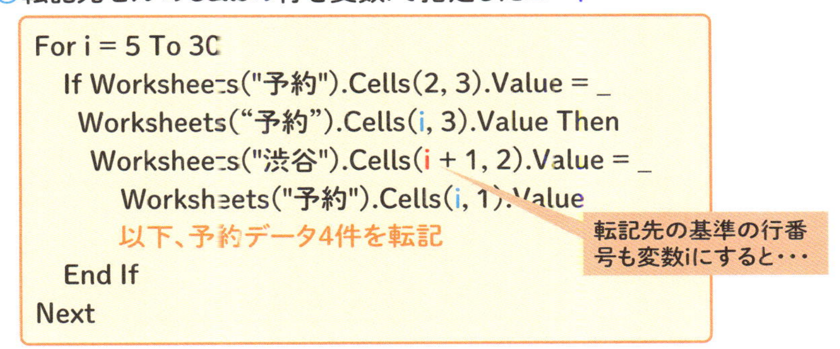

```
For i = 5 To 30
  If Worksheets("予約").Cells(2, 3).Value = _
   Worksheets("予約").Cells(i, 3).Value Then
    Worksheets("渋谷").Cells(i + 1, 2).Value = _
      Worksheets("予約").Cells(i, 1).Value
      以下、予約データ4件を転記
  End If
Next
```

◉「変数iとは別の変数を使う」の発想にたどりつく流れの例

スタート!

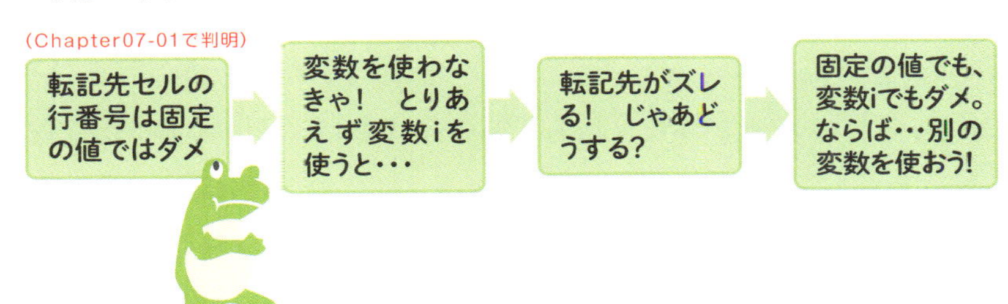

Chapter 07

他の店舗でも予約表を作成可能にしよう

「渋谷」以外の店舗にも対応させるには

Subプロシージャ「予約表作成」はここまでに、渋谷店のみについて、予約表を意図通り作成可能になりました。続けて本節では、他の店舗でも同様に作成できるようプログラムを発展させます。

そのためにはプログラムのどの部分をどう追加・変更すればよいでしょうか？　現状のコードを見ると、文字列「渋谷」を意味する「"渋谷"」が計6箇所あります。具体的には、ワークシート名を設定するコード、および各予約データを転記する5つのコードの中です（236ページの図の参照）。いずれも「Worksheets」のカッコ内に記述されており、ワークシート名の指定に使われています。

この6箇所の「"渋谷"」を他の店舗の名前に置き換えられれば、他の店舗の予約表を作成できそうです。そもそも、予約表を作成する店舗名は、ワークシート「予約」のC2セルに入力することで指定したいのでした。そのため、6箇所の「"渋谷"」を、ワークシート「予約」のC2セルの値である店舗名に置き換えれば、その店舗の予約表を作成可能になるでしょう。

ワークシート「予約」のC2セルの値は、「Worksheets("予約").Range("C2").Value」のコードで取得できるのでした。6箇所の「"渋谷"」を「Worksheets("予約").Range("C2").Value」にそのまま置き換えても、決して誤りではありません。ちゃんと意図通り、C2セルに他の店舗名を入力すれば、その店舗の予約表を作成できるようになります。

しかし、たとえば「Worksheets("渋谷").Range("F3").Value」の箇所なら、次のように置き換えることになります（誌面上では改行されていますが、実際には1行のコードとなります）。

```
Worksheets(Worksheets("予約").Range("C2").Value).
Range("F3").Value
```

このように、1つ目のWorksheetsのカッコ内の記述量がグンと増え、コードが長くなり見づらくなってしまうでしょう。それゆえ、あとで機能の追加、または表の場所の移動などの変更が必要となった際、対応のためにコードを編集しづらくなるなど、いくつか弊害が予想されます。

そこで変数を利用します。ワークシート「予約」のC2セルの値である「Worksheets("予約").Range("C2").Value」を、いったん変数に代入して格納します。そして、6箇所の「"渋谷"」をその変数に置き換えるのです。これで、6箇所の「"渋谷"」のかわりに、ワークシート「予約」のC2セルの値がワークシート名に使われることになり、C2セルに入力された店舗で予約表が作成可能となります。それでいて、Worksheetsのカッコ内は変数名しか記述されないので、記述量は少なく済み、コードが長く見づらくなる状態を防げます。

「"渋谷"」を店舗名の変数に置き換える

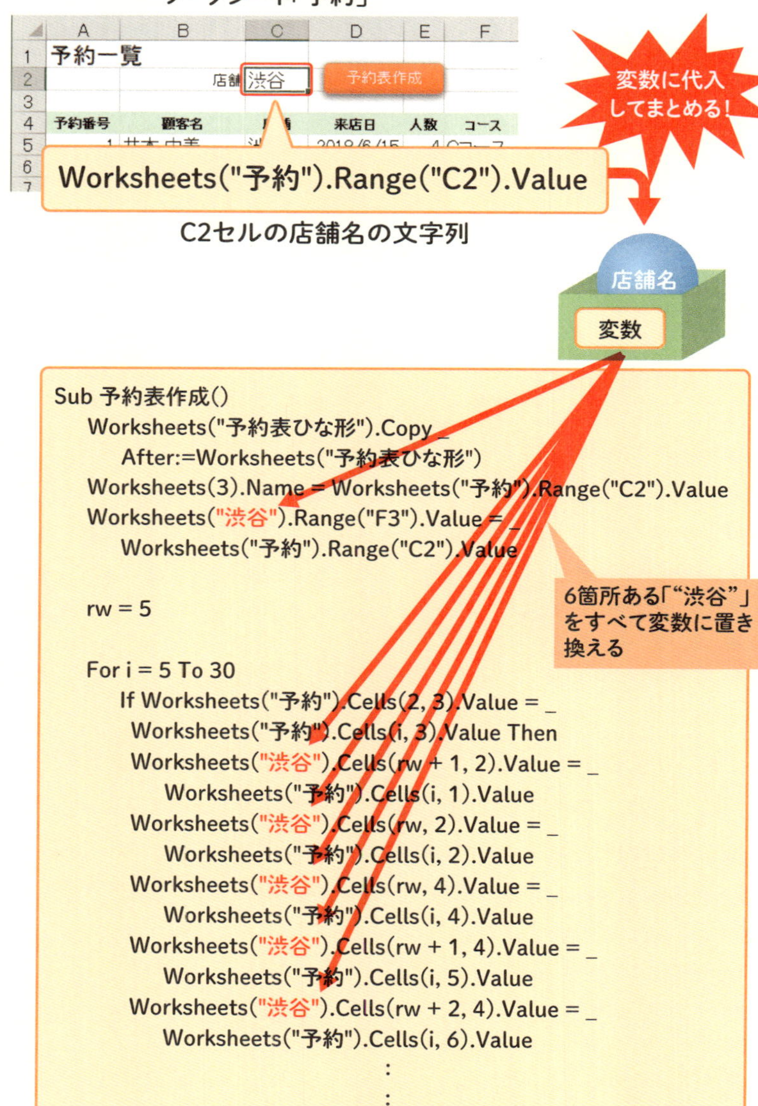

目的の店舗名を変数に格納して使う

それでは、先ほど考えた方法にしたがって、コードを追加・変更しましょう。まずは変数を用意し、ワークシート「予約」のC2セルの値を代入する処理から作成します。変数名は原則、既存のものと重複しなければ何でもよいのですが、今回は「branch」とします。

では、変数branchに、ワークシート「予約」のC2セルの値を代入するコードを追加しましょう。追加する場所は、Subプロシージャ「予約表作成」の冒頭とします（なぜ冒頭に追加するのかは、本節の最後に改めて解説します）。

追加前

```
Sub 予約表作成()
    Worksheets("予約表ひな形").Copy _
        After:=Worksheets("予約表ひな形")
        :
        :
```

追加後

```
Sub 予約表作成()
  branch = Worksheets("予約").Range("C2").Value
  Worksheets("予約表ひな形").Copy _
    After:=Worksheets("予約表ひな形")
      :
      :
```

追加できたら、6箇所ある「"渋谷"」を変数branchに置き換えてください。その際、必ず「"」も含めて置き換えてください。誤って「"」を残して「"branch"」とすると、変数branchではなく文字列「branch」なってしまい、意図通り動作しなくなります。

変更前

```
Sub 予約表作成()
  branch = Worksheets("予約").Range("C2").Value
  Worksheets("予約表ひな形").Copy _
    After:=Worksheets("予約表ひな形")
  Worksheets(3).Name = Worksheets("予約").Range("C2").Value
  Worksheets("渋谷").Range("F3").Value = _
    Worksheets("予約").Range("C2").Value

  rw = 5

  For i = 5 To 30
    If Worksheets("予約").Cells(2, 3).Value = _
      Worksheets("予約").Cells(i, 3).Value Then
      Worksheets("渋谷").Cells(rw + 1, 2).Value = _
        Worksheets("予約").Cells(i, 1).Value
      Worksheets("渋谷").Cells(rw, 2).Value = _
        Worksheets("予約").Cells(i, 2).Value
      Worksheets("渋谷").Cells(rw, 4).Value = _
        Worksheets("予約").Cells(i, 4).Value
      Worksheets("渋谷").Cells(rw + 1, 4).Value = _
        Worksheets("予約").Cells(i, 5).Value
      Worksheets("渋谷").Cells(rw + 2, 4).Value = _
        Worksheets("予約").Cells(i, 6).Value
          :
          :
```

変更後

```
Sub 予約表作成()
  branch = Worksheets("予約").Range("C2").Value
  Worksheets("予約表ひな形").Copy _
    After:=Worksheets("予約表ひな形")
```

```
Worksheets(3).Name = Worksheets("予約").Range("C2").Value
Worksheets(branch).Range("F3").Value = _
  Worksheets("予約").Range("C2").Value

rw = 5

For i = 5 To 30
  If Worksheets("予約").Cells(2, 3).Value = _
    Worksheets("予約").Cells(i, 3).Value Then
    Worksheets(branch).Cells(rw + 1, 2).Value = _
      Worksheets("予約").Cells(i, 1).Value
    Worksheets(branch).Cells(rw, 2).Value = _
      Worksheets("予約").Cells(i, 2).Value
    Worksheets(branch).Cells(rw, 4).Value = _
      Worksheets("予約").Cells(i, 4).Value
    Worksheets(branch).Cells(rw + 1, 4).Value = _
      Worksheets("予約").Cells(i, 5).Value
    Worksheets(branch).Cells(rw + 2, 4).Value = _
      Worksheets("予約").Cells(i, 6).Value
        :
        :
```

コードを追加・変更できたら、動作確認しましょう。まず、ワークシート「予約」のC2セルは「渋谷」のまま、今までと同様に予約表が作成されるか確認してみます。

C2セルは「渋谷」のまま動作確認

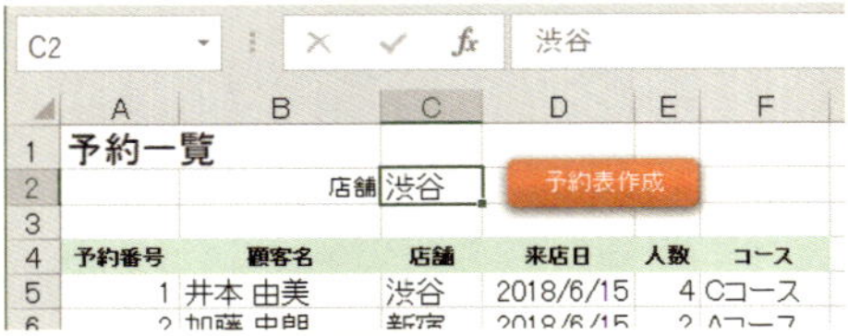

C2 | 渋谷

	A	B	C	D	E	F
1	予約一覧					
2		店舗	渋谷	予約表作成		
3						
4	予約番号	顧客名	店舗	来店日	人数	コース
5	1	井本 由美	渋谷	2018/6/15	4	Cコース

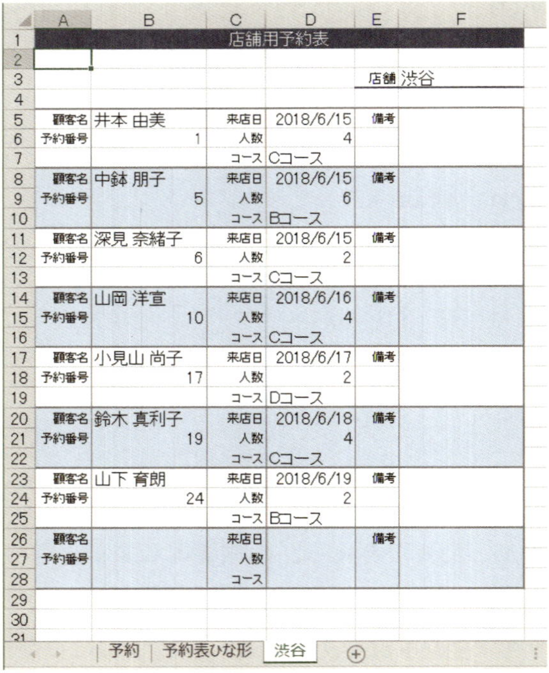

	A	B	C	D	E	F
1	店舗用予約表					
2						
3					店舗	渋谷
4						
5	顧客名	井本 由美	来店日	2018/6/15	備考	
6	予約番号	1	人数	4		
7			コース	Cコース		
8	顧客名	中鉢 朋子	来店日	2018/6/15	備考	
9	予約番号	5	人数	6		
10			コース	Bコース		
11	顧客名	深見 奈緒子	来店日	2018/6/15	備考	
12	予約番号	6	人数	2		
13			コース	Cコース		
14	顧客名	山岡 洋宣	来店日	2018/6/16	備考	
15	予約番号	10	人数	4		
16			コース	Cコース		
17	顧客名	小見山 尚子	来店日	2018/6/17	備考	
18	予約番号	17	人数	2		
19			コース	Dコース		
20	顧客名	鈴木 真利子	来店日	2018/6/18	備考	
21	予約番号	19	人数	4		
22			コース	Cコース		
23	顧客名	山下 育朗	来店日	2018/6/19	備考	
24	予約番号	24	人数	2		
25			コース	Bコース		
26	顧客名		来店日		備考	
27	予約番号		人数			
28			コース			

予約 | 予約表ひな形 | 渋谷

今までと同様に、渋谷店の予約表が作成されることが確認できました。続けて、ワークシート「予約」のC2セルに入力する店舗名を「新宿」や「池袋」や「品川」に変えて、その店舗の予約表が意図通り作成されるか試してみましょう。その際、店舗が異なるなら、同名のワークシートが作成されるエラーは起きないので、作成された予約表のワークシートを毎回削除する必要はありません。

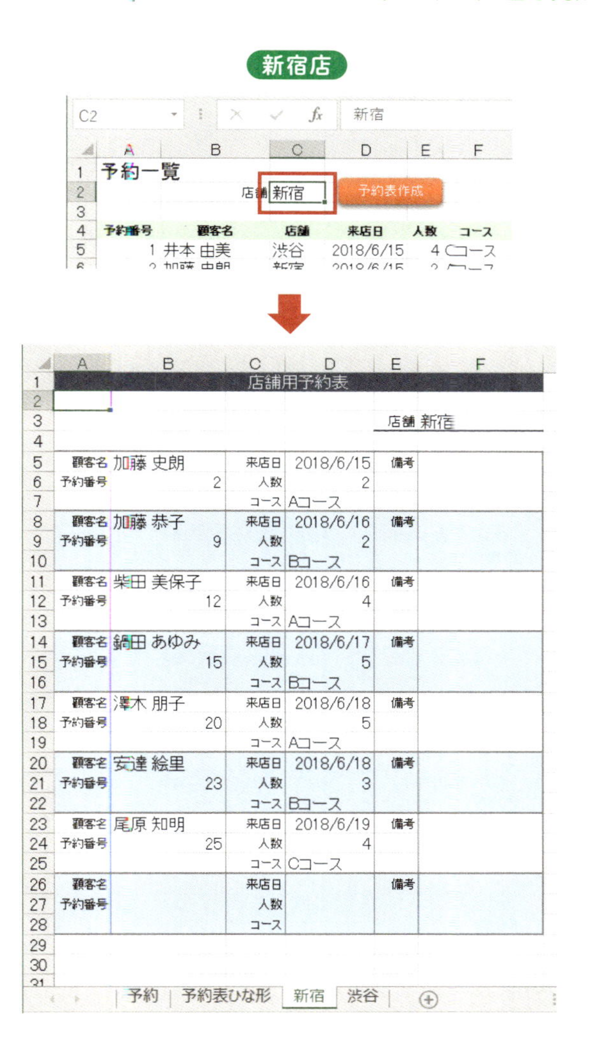
新宿店
C2
新宿
予約一覧
店舗 新宿
予約表作成
予約番号 顧客名 店舗 来店日 人数 コース
1 井本 由美 渋谷 2018/6/15 4 Cコース
店舗用予約表
店舗 新宿
顧客名 加藤 史朗 来店日 2018/6/15 備考
予約番号 2 人数 2
コース Aコース
顧客名 加藤 恭子 来店日 2018/6/16 備考
予約番号 9 人数 2
コース Bコース
顧客名 柴田 美保子 来店日 2018/6/16 備考
予約番号 12 人数 4
コース Aコース
顧客名 鍋田 あゆみ 来店日 2018/6/17 備考
予約番号 15 人数 5
コース Bコース
顧客名 澤木 朋子 来店日 2018/6/18 備考
予約番号 20 人数 5
コース Aコース
顧客名 安達 絵里 来店日 2018/6/18 備考
予約番号 23 人数 3
コース Bコース
顧客名 尾原 知明 来店日 2018/6/19 備考
予約番号 25 人数 4
コース Cコース
顧客名 来店日 備考
予約番号 人数
コース
予約 予約表ひな形 新宿 渋谷

池袋店

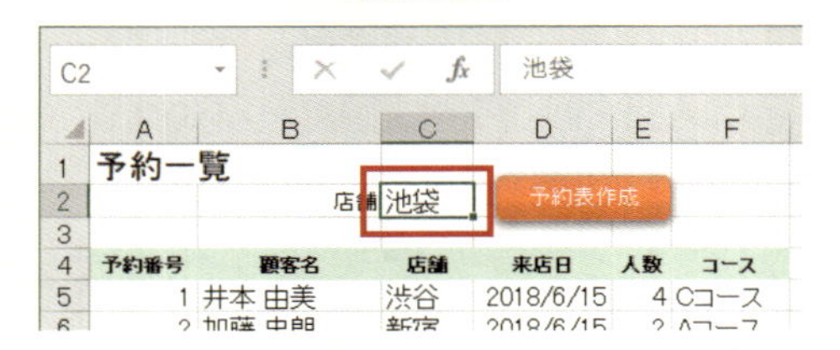
C2
池袋
予約一覧
店舗
池袋
予約表作成
予約番号
顧客名
店舗
来店日
人数
コース
1 井本 由美 渋谷 2018/6/15 4 Cコース

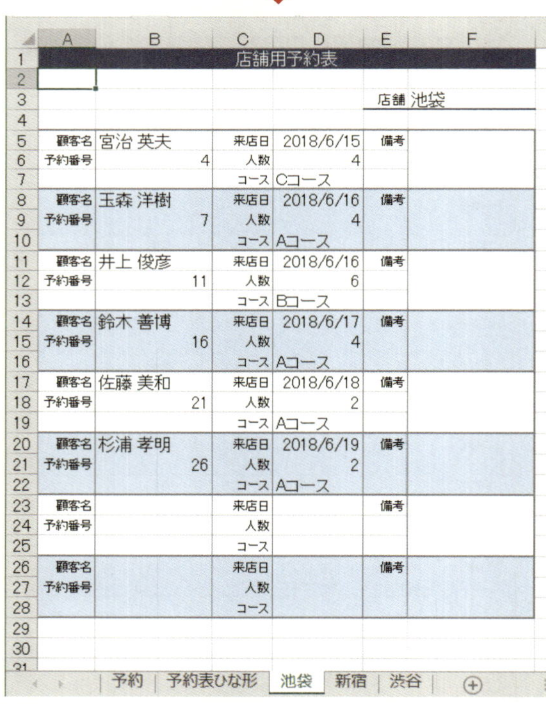
店舗用予約表
店舗 池袋
顧客名 宮治 英夫 来店日 2018/6/15 備考
予約番号 4 人数 4
コース Cコース
顧客名 玉森 洋樹 来店日 2018/6/16 備考
予約番号 7 人数 4
コース Aコース
顧客名 井上 俊彦 来店日 2018/6/16 備考
予約番号 11 人数 6
コース Bコース
顧客名 鈴木 善博 来店日 2018/6/17 備考
予約番号 16 人数 4
コース Aコース
顧客名 佐藤 美和 来店日 2018/6/18 備考
予約番号 21 人数 2
コース Aコース
顧客名 杉浦 孝明 来店日 2018/6/19 備考
予約番号 26 人数 2
コース Aコース
予約 予約表ひな形 池袋 新宿 渋谷

品川店
C2
品川
予約一覧
店舗
品川
予約表作成
予約番号 顧客名 店舗 来店日 人数 コース
1 井本 由美 渋谷 2018/6/15 4 Cコース
店舗用予約表
店舗 品川
顧客名 鈴木 義和 来店日 2018/6/15 備考
予約番号 3 人数 3
コース Dコース
顧客名 光田 達矢 来店日 2018/6/16 備考
予約番号 8 人数 5
コース Dコース
顧客名 山本 徹真 来店日 2018/6/16 備考
予約番号 13 人数 2
コース Dコース
顧客名 松井 由紀子 来店日 2018/6/17 備考
予約番号 14 人数 6
コース Cコース
顧客名 小笠原 靖 来店日 2018/6/17 備考
予約番号 18 人数 4
コース Bコース
顧客名 小栗 知之 来店日 2018/6/18 備考
予約番号 22 人数 2
コース Dコース
顧客名 来店日 備考
予約番号 人数
コース
顧客名 来店日 備考
予約番号 人数
コース
予約 予約表ひな形 品川 池袋 新宿 渋谷 ...

なお、予約データに存在しない店舗名をC2セルに入力すると、予約データが一切転記されていない予約表が作成されてしまうので注意してください。たとえば、C2セルに「原宿」と入力して実行すると、このような予約表が作成されます。ワークシート名とF3セルは「原宿」ですが、転記される予約データが一切ない予約表になります。そもそも、原宿という店舗の予約データは転記元の表にないので、一切転記されず、このような結果になります。

存在しない店舗「原宿」で作成した予約表

	A	B	C	D	E	F
1	店舗用予約表					
2						
3					店舗	原宿
4						
5	顧客名		来店日		備考	
6	予約番号		人数			
7			コース			
8	顧客名				備考	
9	予約番号					
10						
11	顧客名		来店日		備考	
12	予約番号		人数			
13			コース			
14	顧客名		来店日		備考	
15	予約番号		人数			
16			コース			
17	顧客名		来店日		備考	
18	予約番号		人数			
19			コース			
20	顧客名		来店日		備考	
21	予約番号		人数			
22			コース			
23	顧客名		来店日		備考	
24	予約番号		人数			
25			コース			
26	顧客名		来店日		備考	
27	予約番号		人数			
28			コース			
29						
30						

予約 | 予約表ひな形 | 原宿 | 品川 | 池袋 | 新宿 ...

予約データは一切転記されない

本来はこういった想定外のデータや操作などに対処するためのコードもプログラムに加えるべきですが、本書では割愛させていただきます。

さらに変数branchを使ってコードをまとめよう

先ほど変数branchに「Worksheets("予約").Range("C2").Value」を代入するコードを冒頭に追加しました。この「Worksheets("予約").Range("C2").Value」という記述はよく見ると、ワークシート名を設定する処理、および、F3セルに店舗名を入力する処理のコードの2箇所にも記述されています。せっかく変数branchに代入したので、この2箇所も変数branchに置き換えて、コードをスッキリさせましょう。なお、F3セルに店舗名を入力する処理のコードでは、短くなったので改行はなしにしています。

変更前

```
Sub 予約表作成()
  branch = Worksheets("予約").Range("C2").Value
  Worksheets("予約表ひな形").Copy _
    After:=Worksheets("予約表ひな形")
  Worksheets(3).Name = Worksheets("予約").Range("C2").Value
  Worksheets(branch).Range("F3").Value = _
    Worksheets("予約").Range("C2").Value
            :
            :
```

この2箇所も置き換え

変更後

```
Sub 予約表作成()
  branch = Worksheets("予約").Range("C2").Value
  Worksheets("予約表ひな形").Copy _
    After:=Worksheets("予約表ひな形")
  Worksheets(3).Name = branch
  Worksheets(branch).Range("F3").Value = branch
            :
            :
```

改行はなしに

変更したら、動作確認をして、意図通り動作するか確認しましょう。なお、動作確認を行う前は実行時エラーを避けるため、先ほどの動作確認で作成した予約表のワークシートは削除しておいてください。以下の画面は渋谷店で動作確認した場合の例です。

変数branchでさらにまとめたコードの実行結果

	A	B	C	D	E	F
1	店舗用予約表					
2						
3					店舗	渋谷
4						
5	顧客名	井本 由美	来店日	2018/6/15	備考	
6	予約番号	1	人数	4		
7			コース	Cコース		
8	顧客名	中鉢 朋子	来店日	2018/6/15	備考	
9	予約番号	5	人数	6		
10			コース	Bコース		
11	顧客名	深見 奈緒子	来店日	2018/6/15	備考	
12	予約番号	6	人数	2		
13			コース	Cコース		
14	顧客名	山岡 洋宣	来店日	2018/6/16	備考	
15	予約番号	10	人数	4		
16			コース	Cコース		
17	顧客名	小見山 尚子	来店日	2018/6/17	備考	
18	予約番号	17	人数	2		
19			コース	Dコース		
20	顧客名	鈴木 真利子	来店日	2018/6/18	備考	
21	予約番号	19	人数	4		
22			コース	Cコース		
23	顧客名	山下 育朗	来店日	2018/6/19	備考	
24	予約番号	24	人数	2		
25			コース	Bコース		
26	顧客名		来店日		備考	
27	予約番号		人数			
28			コース			
29						
30						

予約 | 予約表ひな形 | 渋谷

機能自体は変えていないので、先ほどと同じ結果が得られます。コードとしては、記述量が減ってよりスッキリし、機能変更などにもより対応しやすくなりました。

変数branchに代入するコードを冒頭に追加した理由

さて、ここで、変数branchにワークシート「予約」のC2セルの値を代入するコード「branch = Worksheets("予約").Range("C2").Value」を、なぜSubプロシージャ「予約表作成」の冒頭に追加したのか、その理由を解説します。

先ほど変数branchを使い、ワークシート名を設定する処理、および、F3セルに店舗名を入力する処理のコードを変更しました。変数branchは少なくとも、この2つのコードの前の時点で、ワークシート「予約」のC2セルの値が代入されている必要があります。もし代入されておらず空なら、空の文字列をワークシート名やF3セルに設定することになり、動作がおかしくなってしまいます。そのような事態を避けるため、コード「branch = Worksheets("予約").Range("C2").Value」を冒頭に追加したのです。

これで本書サンプル「予約管理」の機能は一通り完成しました。お疲れ様でした！　次章では、機能はそのままに、コードを改善していきます。その前に次節以降で、ここまでのおさらいと、ちょっとしたノウハウを紹介します。

Chapter 07

完成までの段階的な作成の道のりを振り返ろう

予約表を作成する処理を段階的に作成した過程

本書サンプル「予約管理」のプログラムであるSubプロシージャ「予約表作成」は前節で、必要な機能が一通り完成しました。ここまでに、Chapter03-06で行った段階分けに沿って、本章にかけて段階的に作り上げてきました。その過程を右図のように改めて整理しておきますので、振り返ってみるとよいでしょう。

そのなかで特に、前章から本章にかけて作成した処理は複雑であり、初心者がいきなり完成形のコードを記述するのは非常にハードルが高いと言えます。コードを記述する前に、たとえばChapter07-02や03の図のように、紙に手書きで構わないので、処理手順を見える化することがコツです。最初に段階分けを行ったあとも、必要なタイミングでその都度、さらに細かく段階分けして見える化します。

本章で行ったように、最初は大まかな方針を考えて見える化し、CellsやFor...Nextステートメントや変数をどこにどう使えばよいか、あたりをつけておいてから、実際のコードに落とし込み、動作確認をその都度行います。もちろん、実際にプログラムを組んでみたら、最初につけたあたりが適していないことはよくあるので、その都度考え直してコードに反映させていくことを繰り返します。これもまさにChapter03-03のPDCAサイクルに沿った進め方です。

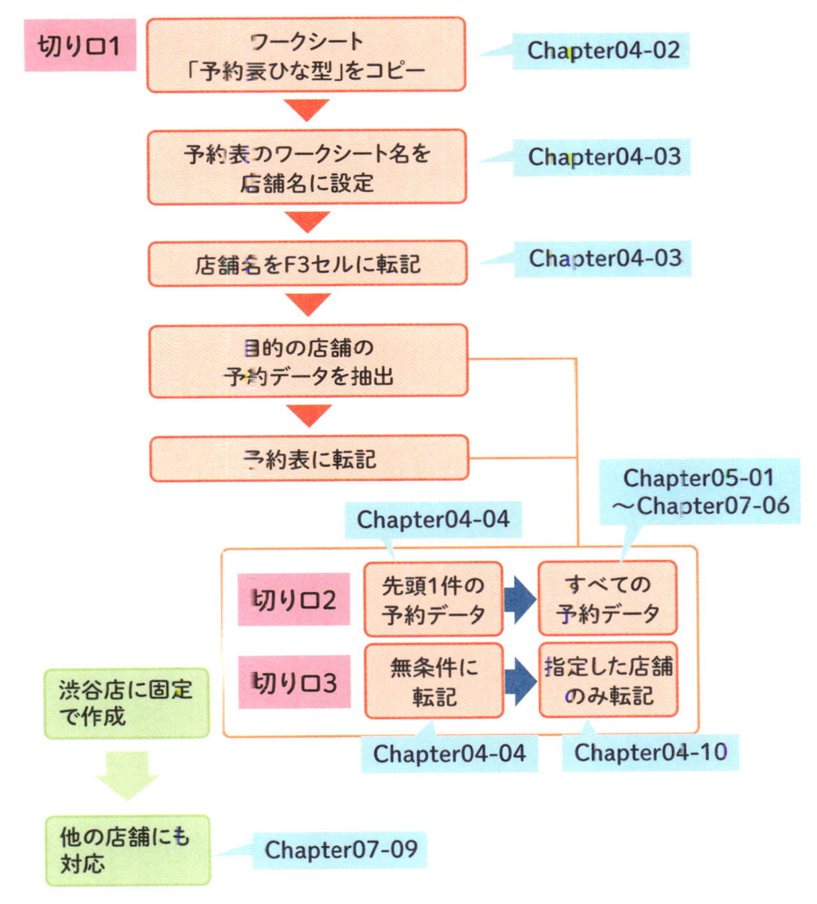
3つの切り口で段階分けに沿って作成
Chapter03-06での段階分けの結果
切り口1
ワークシート
「予約表ひな型」をコピー
Chapter04-02
予約表のワークシート名を
店舗名に設定
Chapter04-03
店舗名をF3セルに転記
Chapter04-03
目的の店舗の
予約データを抽出
予約表に転記
Chapter05-01
～Chapter07-06
Chapter04-04
切り口2
先頭1件の
予約データ
すべての
予約データ
切り口3
無条件に
転記
指定した店舗
のみ転記
Chapter04-04
Chapter04-10
渋谷店に固定
で作成
他の店舗にも
対応
Chapter07-09

Chapter 07

初心者が繰り返しの処理をより確実に作成するノウハウ

繰り返しのコードは3段階で記述すると確実

Chapter05から本章にかけて、すべての予約データを転記する処理を作りました。その際、まずは予約データの表の先頭1件だけを転記する処理を作り、そのあとにすべての予約データを転記するよう、For...Nextステートメントで発展させました。さらにその前の段階では、予約データを1件だけ転記する処理のセルのオブジェクトはCellsではなくRangeを使って記述しました。このように大きく分けて3段階で作ったことになります。

初心者にとって、セルを行方向に順に処理するコードを記述するのは難しいものです。いきなりFor...Nextステートメントを使って記述しようとしても、うまくできないでしょう。そこでオススメなのが、先ほどの3段階で作成する方法です。具体的な方法を右図のとおり、本書サンプルではなく、別のシンプルな例を用いて解説します。

このように3段階を踏むことは、確かに余計な手間が少々かかります。しかし、初心者がいきなり3段階目の完成形を記述しようとすると、うまくいかずに、どこがどう誤っていてどう修正すればわからず、延々と悩んでしまうものです。その時間を考えると、“急がば回れ”のごとく、右図の3段階で作った方がスムーズに進むので、完成までのトータルな時間はより少なく済むでしょう。この方法も有用なノウハウです。

単一セルでRangeからCellsに書き換えた後に繰り返し化

例：A1～A5セルについて、順に値をメッセージボックスに表示し、かつ、文字色を赤に設定したい

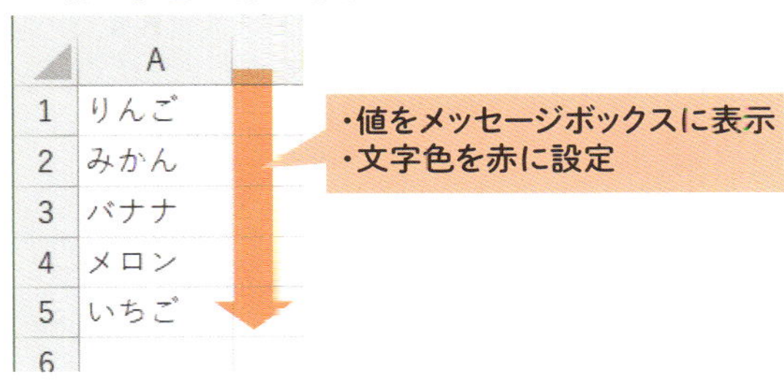

【STEP1】
Rangeを用い、単一のセル（先頭のA1セル）のみを処理するコードを作成

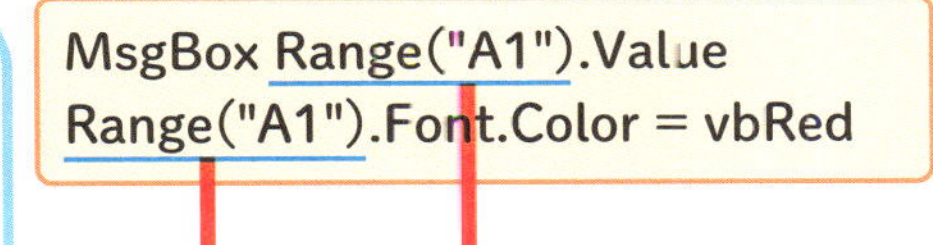

【STEP2】
セルのオブジェクトをRangeからCellsに書き換え

```
MsgBox Cells(1, 1).Value
Cells(1, 1).Font.Color = vbRed
```

【STEP3】
For...Nextステートメントで、すべてのセルを処理するよう発展

```
For i = 1 To 5
   MsgBox Cells(i, 1).Value
   Cells(i, 1).Font.Color = vbRed
Next
```

こう作ると、カウンタ変数をどこに使えばよいか、わかりやすいね！

変更前のコードはコメント化して一時保管

繰り返しの処理のコードを3段階で作成する方法で記述する際、あわせて利用したいノウハウがコメントを利用したテクニックです。VBAに限らず、プログラミングの現場ではよく用いられるテクニックです。

コメントの目的はもともと、処理の意図など、コード内にメモを残しておくことでした。VBAでは、「'」(シングルクォーテーション)を記述すれば、以降はコメントと見なされ、実行時には無視されるのでした。

そのようなコメント機能を、前の段階のコードの一時的な保管(バックアップ)に利用します。右図のように1段階目のコードを書いたら、そのコードをすぐ下に丸ごとコピーした後、元のコードをすべてコメント化し、バックアップしておきます。そして、コピーしたコードに対して、2つ目の段階のコードになるよう追加・変更していきます。その際、前の段階のコードがすぐ上にコメントとして残っており、見比べながら作業できるため、より効率よく正確に追加・変更していけます。

2つ目の段階から3つ目の段階へのコード追加・変更も同様に進めます。動作確認して意図通りの結果が得られたら、バックアップしておいたコードを削除します。

このようにコメント機能をバックアップ的に利用すれば、見比べながら作業できるとともに、もし頭が混乱したなどの理由で追加・変更中のコードがぐちゃぐちゃになってしまったら、コメント化を解除して元の状態にすぐ復旧できます。メリットが多いノウハウなので、ぜひ活用しましょう。

加えて、右図下に、複数行のコードをまとめてコメント化/解除する方法を紹介しますので、そちらもあわせて活用しましょう。

3段階での作成にコメントを有効活用

⦿追加・変更前のコードをコメント化して一時保管

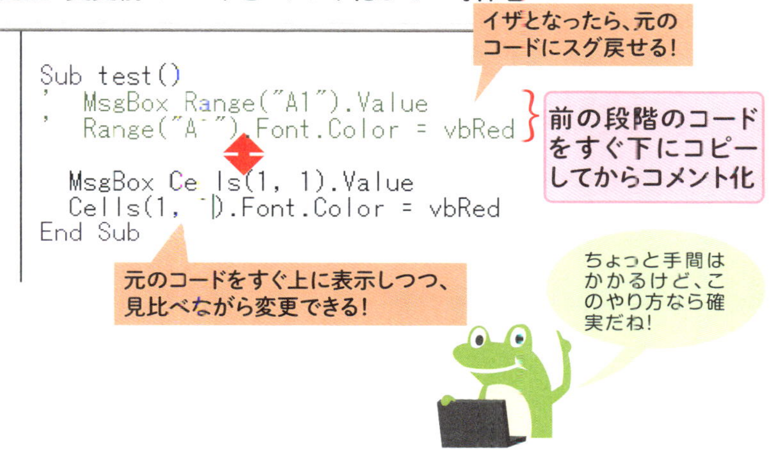

⦿[コメントブロック]機能で複数行のコードを素早くコメント化

VBEのメニューバーの[表示]→[ツールバー]→[編集]をクリックして、「編集」ツールバーを表示しておく

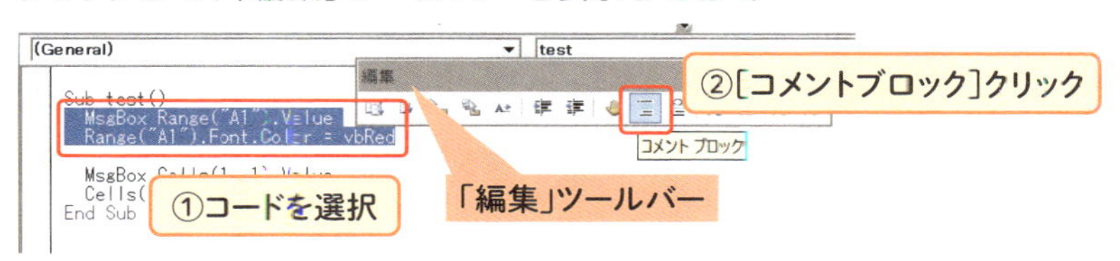

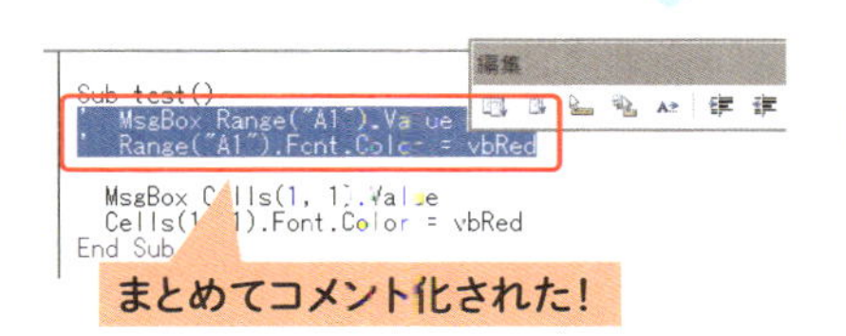

Chapter 07

“練習用”のプロシージャで先に体験するメリット

なぜ、ぶっつけ本番はダメなのか？

本書ではこれまで、練習用Subプロシージャを適宜利用してきました。一般的に、初めて使うオブジェクト/プロパティ/メソッドなどは使い方をよくわかっていないため、本番用Subプロシージャにいきなり使うと、大抵は目的の処理をうまく作れません。それだけなら修正すればよいのですが、なかには元に戻せないほどコードをいじりまわしてしまい、せっかく段階的に作り上げてきたプログラムが無に帰すケースもあります。そういった事態に陥らないよう、まずは練習用Subプロシージャで別途練習し、基本的な使い方を把握してから本番で使うのです。

また、いきなり本番用に使うと、他のオブジェクトなどと組み合わせるかたちが多いなど、どうしてもコードが長く複雑になりがちであり、基本的な使い方すら把握が困難です。そこで、練習用では別途、初めてのオブジェクトなどだけを使い、極力短くシンプルなかたちのコードで練習します。そのオブジェクトなどだけを集中して練習できるので、基本的な使い方がより把握しやすくなります。

練習用Subプロシージャの活用は、「段階的に作り上げる」の次に大事なノウハウなので、ぜひ身に付けましょう。何事もぶっつけ本番ではなく、練習してから挑むものですが、このノウハウはそれをプログラミングに適用しただけです。

練習用Subプロシージャのメリット

■いきなり本番に使うと・・・

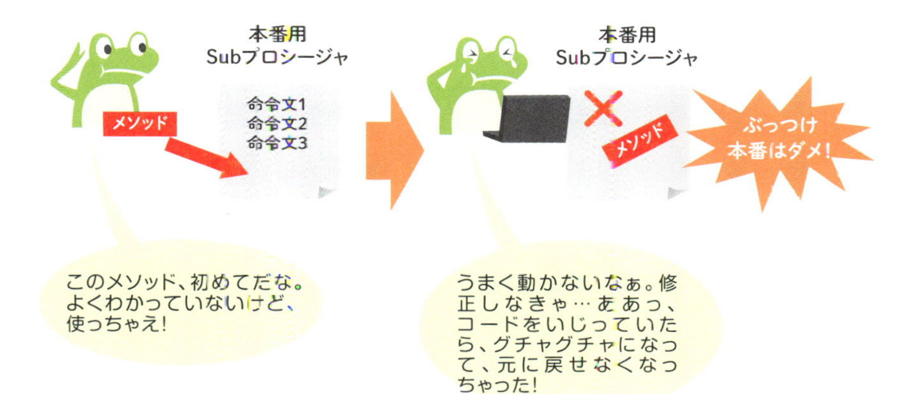

■練習してから本番に使うと・・・

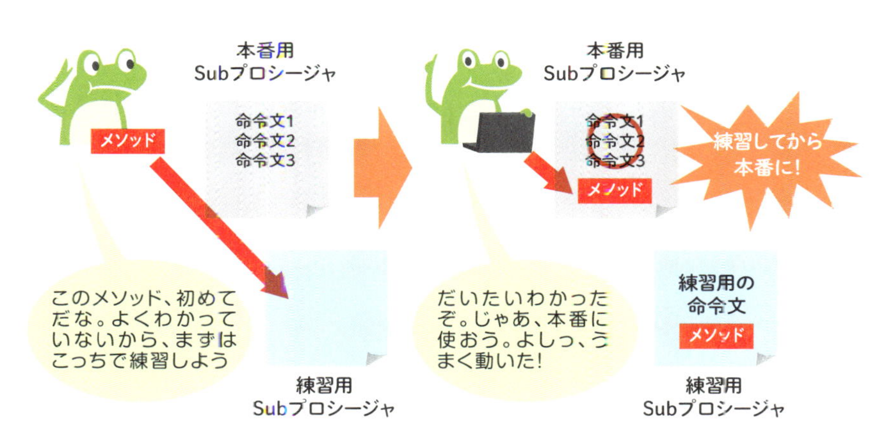

Column

繰り返しのコードの動作確認のコツ

For...Nextステートメントによる繰り返しの処理の動作確認は、たとえば本書サンプルなら、本来は指定した店舗の全ての予約データが転記されたか、1つずつチェックすべきです。しかし、そのような時間が取れないのはよくあること。そこで、時間がない場合はとりあえず、少なくとも表の先頭のデータと最後のデータがちゃんと転記されているかだけでもチェックすることをオススメします。繰り返しの処理では、先頭や最後のデータに対して、モレたり場所がズレたりするなどのトラブルが起こりがちなので、少なくともそれらだけはチェックしておくようにしましょう。

たとえば、本書サンプルの動作確認を行う際、予約データの表の先頭と最後のデータを漏れなく転記できているかチェックします。その際、どの店舗で動作確認するのかも大切です。先頭の予約データをチェックするなら、表の先頭の店舗は渋谷なので、渋谷で動作確認する必要があります。もし、渋谷店以外で動作確認すると、表の先頭の予約データが意図通り転記できているのかわかりません。

そして、最後の予約データをチェックするなら、表の最後の店舗は池袋なので、池袋で動作確認する必要があります。もし、池袋店以外で動作確認すると、表の最後の予約データが意図通り転記できているのかわかりません。

Chapter04-11にて、分岐の動作確認では、条件式に用いるデータを事前にちゃんと把握したうえで、得られるはずの結果を明確化しておくことが大切と解説しました。繰り返しの処理でもこのように、用いるデータや条件の把握などが不適切だと、動作確認が適切に行えなくなるので注意しましょう。

機能はそのままにコードを改善しよう

Chapter 08

なぜコードを改善した方がよいのか？

今のままじゃ見づらく、追加・変更も大変！

サンプル「予約管理」は前章までに、目的の機能をすべて作成しました。本章では、機能はそのままに、コードを改善します。なぜ改善するのでしょうか？　それはもし将来、たとえば予約データの表の場所が移動したなど変更に対応したり、新たな機能を追加したりする必要が生じた際、コードの編集作業をより効率よく正確に行うためです。改善点は右図の3点です。次節以降で詳しく解説します。

1点目は**コードの重複の改善**です。現状のコードはよく見ると、重複した記述が散見されます。見づらいうえに、もし機能変更への対応の際、該当箇所をすべて書き換えなければなりません。手間と時間がかかり、ミスの恐れも高まるので改善します。

2点目は**変数についての改善**です。実は現状のコードは、変数名の打ち間違えなどによるリスクを孕んでいるので改善します。

3点目は**数値を直接記述している箇所の改善**です。現状ではCellsの行や列などに数値が直接記述されており、どの行や列なのかは非常にわかりづらい状態です。しかも、表の移動などの変更への対応の際、手間に加え、ミスの恐れが非常に大きいので改善します。あわせて、文字列を直接記述している箇所も同様に改善します。

他にも改善点はありますが、今回はこの3点で改善します。

機能は変えず、3つの観点でコードを改善

```
Sub 予約表作成()
    branch = Worksheets("予約").Range("C2").Value
    Worksheets("予約表ひな形").Copy _
        After:=Worksheets("予約表ひな形")
    Worksheets(3).Name = branch
    Worksheets(branch).Range("F3").Value = branch

    rw = 5
    For i = 5 To 30
     If Worksheets("予約").Cells(2, 3).Value = _
        Worksheets("予約").Cells(i, 3).Value Then
        Worksheets(branch).Cells(rw + 1, 2).Value = _
            Worksheets("予約").Cells(i, 1).Value
        Worksheets(branch).Cells(rw, 2).Value = _
            Worksheets("予約").Cells(i, 2).Value
        Worksheets(branch).Cells(rw, 4).Value = _
            Worksheets("予約").Cells(i, 4).Value
        Worksheets(branch).Cells(rw + 1, 4).Value = _
            Worksheets("予約").Cells(i, 5).Value
        Worksheets(branch).Cells(rw + 2, 4).Value = _
            Worksheets("予約").Cells(i, 6).Value

        rw = rw + 3
     End If
  Next
End Sub
```

改善点1　コードの重複
この記述が8箇所に登場。他に「Worksheets(branch)」が6箇所に登場

改善点2　変数

改善点3
数値を直接記述（文字列も同様）

このままでもちゃんと動くけど…機能の追加・変更がタイヘンだ!

Chapter 08

何度も登場する同じコードをまとめよう

重複するコードの確認とデメリット

本節では、前節で挙げた改善点の1つ目であるコードの重複を改善します。前節の図でも提示しましたが、同じ記述が登場する回数は主に以下です。いずれもワークシートのオブジェクトになります。

- Worksheets("予約")　8箇所
- Worksheets("予約表ひな形")　2箇所
- Worksheets(branch)　6箇所

このように記述が重複していると、具体的にどんなデメリットが生じるのでしょうか？　たとえば、「Worksheets("予約")」という記述は、前章の図でも提示したように8箇所あります。この記述はワークシート「予約」のオブジェクトになります。

ここで、ワークシート「予約」の名前が「予約データ」に変更されたと仮定します。この変更にプログラムを対応させるには、8箇所ある「Worksheets("予約")」で、ワークシート名を指定しているカッコ内の「"」の中を「予約」から、「予約データ」にすべて書き換え、「Worksheets ("予約データ")」に変更する必要があります。8箇所とはいえ、それなりの手間は要するものです。しかも、書き換えミスの恐れも常につきまといます。もし、書き換えが必要な箇所がもっと多ければ、手間やミスの恐れはさらに増大するでしょう。

また、VBEにはコードの置換機能が搭載されており、それを使って一括置換すれば、簡単に誤りなく書き換えられそうに思えます。しかし、単純に「予約」と記述している箇所を「予約データ」に一括置換すると、2箇所ある「Worksheets("予約表ひな形")」の「予約」の部分までも「予約データ」に置換されてしまいます。意図せぬ箇所である「予約表ひな形」が意図せぬかたち「予約データ表ひな形」に置換されてしまい、「Worksheets("予約データ表ひな形")」といった存在しないワークシートを操作しようとする誤ったプログラムになってしまいます。加えて、Subプロシージャ名の「予約表作成」も同様に、意図せぬ置換が行われ、「予約データ表作成」となってしまいます。

このように、ワークシート名の変更に対応するために、コードの該当箇所をすべて書き換えるのは、手作業はもちろん、置換機能を用いたとしても得策とは言えません。そこで、より抜本的な解決策として、重複するコードをまとめるのです。

このあとすぐに具体的なコードを提示しますが、全体的な方針としては、8箇所あった「Worksheets("予約")」の記述を1箇所にまとめます。そのため、もしワークシート名が変更されても、その1箇所のみを書き換えるだけで済みます。それゆえ書き換えの手間もミスの恐れも飛躍的に低減できます。

8箇所の「Worksheets("予約")」を1箇所にまとめる

もし、ワークシート「予約」の名前が変更されたら・・・

```
branch = Worksheets("予約").Range("C2").Value
            :
            :
 For i = 5 To 30
  If Worksheets("予約").Cells(2, 3).Value = _
    Worksheets("予約").Cells(i, 3).Value Then
    Worksheets(branch).Cells(rw + 1, 2).Value = _
      Worksheets("予約").Cells(i, 1).Value
    Worksheets(branch).Cells(rw, 2).Value = _
      Worksheets("予約").Cells(i, 2).Value
    Worksheets(branch).Cells(rw, 4).Value = _
      Worksheets("予約").Cells(i, 4).Value
    Worksheets(branch).Cells(rw + 1, 4).Value = _
      Worksheets("予約").Cells(i, 5).Value
    Worksheets(branch).Cells(rw + 2, 4).Value = _
      Worksheets("予約").Cells(i, 6).Value
            :
            :
```

8箇所の「Worksheets(“予約”)」の「予約」をすべて書き換えなければならない

手間!
ミス!

一括置換じゃ、うまくいかないよ!

8箇所の「Worksheets(“予約”)」を1箇所にまとめる!

ワークシート名の変更も、1箇所書き換えるだけで済むね

なお、VBEの置換機能では、ドラッグして選択したコードだけを置換対象にできます。しかし、もし同じ命令文に置換したい語句と置換したくない語句が混在していると、その方法は使えないので、抜本的な解決にはならないでしょう。

オブジェクトを変数でまとめる

本節では、「Worksheets("予約")」と「Worksheets(branch)」をまとめるとします。本来は「Worksheets("予約表ひな形")」もまとめるべきですが、割愛させていただきます。まずは「Worksheets("予約")」からまとめましょう。

「Worksheets("予約")」は先述のとおりワークシート「予約」のオブジェクトです。オブジェクトをまとめる方法は何通りかありますが、ここでは変数を使った方法を採用するとします。その方法の大まかな流れは以下の2段階になります。

【STEP1】ワークシート「予約」のオブジェクトを変数に代入
【STEP2】「Worksheets("予約")」をすべてその変数に置き換え

変数は数値や文字列などのデータに加え、**オブジェクトを代入**して格納することもできます。代入すると、以降はその変数をそのオブジェクトとして扱うことができ、各種プロパティやメソッドなどが使えるようになります。

たとえば、ワークシート「予約」のオブジェクトを変数に代入すると、以降はその変数でNameプロパティやCopyメソッドなど、ワークシートのオブジェクトの各種プロパティやメソッドなどが使えます。もちろん、その変数をセル（RangeやCells）の親オブジェクトに指定することも可能です。まさに「Worksheets("予約")」と全く同じ使い方ができるのです。

「Worksheets("予約")」を変数でまとめる

【STEP1】 ワークシート「予約」のオブジェクトを変数に代入

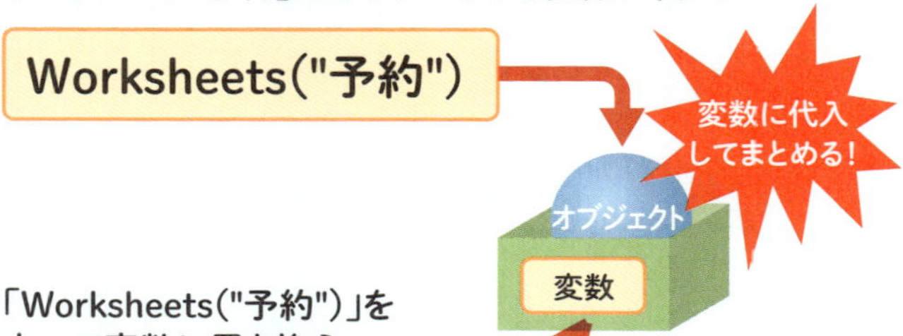

Worksheets("予約")

変数に代入してまとめる！

オブジェクト

変数

【STEP2】 「Worksheets("予約")」をすべて変数に置き換え

```
branch = Worksheets("予約").Range("C2").Value
                    :
                    :
 For i = 5 To 30
   If Worksheets("予約").Cells(2, 3).Value = _
      Worksheets("予約").Cells(i, 3).Value Then
      Worksheets(branch).Cells(rw + 1, 2).Value = _
         Worksheets("予約").Cells(i, 1).Value
      Worksheets(branch).Cells(rw, 2).Value = _
         Worksheets("予約").Cells(i, 2).Value
      Worksheets(branch).Cells(rw, 4).Value = _
         Worksheets("予約").Cells(i, 4).Value
      Worksheets(branch).Cells(rw + 1, 4).Value = _
         Worksheets("予約").Cells(i, 5).Value
      Worksheets(branch).Cells(rw + 2, 4).Value = _
         Worksheets("予約").Cells(i, 6).Value
                    :
                    :
```

8箇所すべて変数に置き換える

オブジェクトを変数に代入するには、通常の数値や文字列の代入と異なり、**Set**ステートメントを用いるルールとなっています。書式は次の通りです。

書式

Set 変数名 = オブジェクト

キーワード「Set」と半角スペースに続けて変数名を記述します。そのあとは通常の代入と同じく、「=」を記述し、続けて代入したいオブジェクトを記述します。

たとえば、変数hogeにA1セルのオブジェクトを代入するコードは以下になります。セルのオブジェクトはRangeを用いるとします。

```
Set hoge = Range("A1")
```

これで変数hogeにA1セルのオブジェクトが格納されました。以降、変数hogeはA1セルのオブジェクトとして扱え、各種プロパティやメソッドが利用できます。たとえば、A1セルの値をメッセージボックスに表示したければ、「MsgBox hoge.Value」と記述できます。余裕があれば、Subプロシージャ「test」にコードを実際に入力して実行し、体験してみるとよいでしょう。

「Worksheets("予約")」をまとめよう

それでは、上記【STEP1】と【STEP2】の流れにしたがい、実際に「Worksheets("予約")」をまとめましょう。

まずは【STEP1】です。変数名は何でもよいのですが、今回は「wsRsv」とします。ワークシート「予約」のオブジェクト「Worksheets("予約")」を代入するコードは、Setステートメントの書式にのっとると、次のように記述すればよいとわかります。

書式

Set wsRsv = Worksheets("予約")

ではこのコードをSubプロシージャ「予約表作成」に追加しましょう。追加する場所は先頭になります。

追加前

```
Sub 予約表作成()
  branch = Worksheets("予約").Range("C2").Value
         :
         :
```

追加後

```
Sub 予約表作成()
  Set wsRsv = Worksheets("予約")
  branch = Worksheets("予約").Range("C2").Value
         :
         :
```

なぜ先頭に追加するのでしょうか？　そもそも変数wsRsvは「Worksheets("予約")」に置き換えたいのでした。もとのコードで「Worksheets("予約")」が初めて登場するには、先頭のコード「branch = Worksheets("予約").Range("C2").Value」です。変数wsRsvを「Worksheets("予約")」に置き換えるには、少なくともそのコードよりも前に、変数wsRsvに「Worksheets("予約")」が格納されている必要があります。したがって、先頭に追加したのでした。

次は【STEP2】です。現状のコードの「Worksheets("予約")」をそのまま変数wsRsvに置き換えるだけです。では、8箇所の「Worksheets("予約")」を変数wsRsvに置き換えてください。

変更前

```
Sub 予約表作成()
  Set wsRsv = Worksheets("予約")
  branch = Worksheets("予約").Range("C2").Value
  Worksheets("予約表ひな形").Copy _
    After:=Worksheets("予約表ひな形")
  Worksheets(3).Name = branch
  Worksheets(branch).Range("F3").Value = branch

  rw = 5

  For i = 5 To 30
    If Worksheets("予約").Cells(2, 3).Value = _
      Worksheets("予約").Cells(i, 3).Value Then
      Worksheets(branch).Cells(rw + 1, 2).Value = _
        Worksheets("予約").Cells(i, 1).Value
      Worksheets(branch).Cells(rw, 2).Value = _
        Worksheets("予約").Cells(i, 2).Value
      Worksheets(branch).Cells(rw, 4).Value = _
        Worksheets("予約").Cells(i, 4).Value
      Worksheets(branch).Cells(rw + 1, 4).Value = _
        Worksheets("予約").Cells(i, 5).Value
      Worksheets(branch).Cells(rw + 2, 4).Value = _
        Worksheets("予約").Cells(i, 6).Value

      rw = rw + 3
    End If
  Next
```

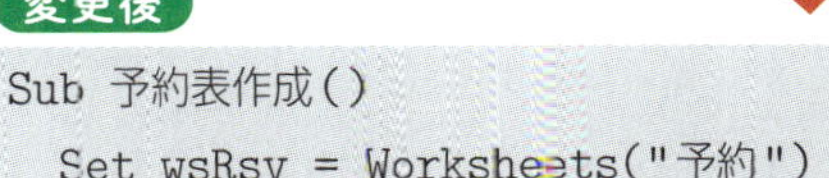

変更後

```
Sub 予約表作成()
  Set wsRsv = Worksheets("予約")
  branch = wsRsv.Range("C2").Value
```

```
  Worksheets("予約表ひな形").Copy _
    After:=Worksheets("予約表ひな形")
  Worksheets(3).Name = branch
  Worksheets(branch).Range("F3").Value = branch

  rw = 5

  For i = 5 To 30
    If wsRsv.Cells(2, 3).Value = _
      wsRsv.Cells(i, 3).Value Then
      Worksheets(branch).Cells(rw + 1, 2).Value = _
        wsRsv.Cells(i, 1).Value
      Worksheets(branch).Cells(rw, 2).Value = _
        wsRsv.Cells(i, 2).Value
      Worksheets(branch).Cells(rw, 4).Value = _
        wsRsv.Cells(i, 4).Value
      Worksheets(branch).Cells(rw + 1, 4).Value = _
        wsRsv.Cells(i, 5).Value
      Worksheets(branch).Cells(rw + 2, 4).Value = _
        wsRsv.Cells(i, 6).Value

      rw = rw + 3
    End If
  Next
End Sub
```

すべて置き換えられたら動作確認を行い、今までと同じく意図通りの実行結果が得られるかチェックしておきましょう。

これで変数wsRsvを使い、ワークシート「予約」のオブジェクト「Worksheets("予約")」を1箇所にまとめられました。もし、ワークシート名が変更されても、その1箇所のみを書き換えれば済むようになり、手間もミスのリスクも飛躍的に低減できました。加えて、コード全体もスッキリ見やすくなりました。

「Worksheets(branch)」もまとめよう

同様に「Worksheets(branch)」もまとめましょう。変数名は今回、「wsRsvfm」とします。

まずは【STEP1】として、変数wsRsvfmに「Worksheets(branch)」を代入するSetステートメントを追加します。そのコードは変数wsRsvと同様に考えれば、以下とわかります。

```
Set wsRsvfm = Worksheets(branch)
```

このコードはどこに追加したらよいでしょうか？　先ほど追加した「Set wsRsv = Worksheets("予約")」のすぐ下に追加したくなるところですが、そこに記述すると実行時エラーになってしまいます。追加すべき場所は、「Worksheets(3).Name = branch」のすぐ下です。ここより前でも後ろでもいけません。

なぜでしょうか？　ポイントは変数branchです。「Worksheets(branch)」はそもそも、目的の店舗の予約表のワークシートのオブジェクトでした。変数branchは、ワークシート「予約」のC2セルに入力された店舗名が、コード「branch = wsRsv.Range("C2").Value」によって格納されているのでした（234ページ参照）。そして、ひな形のワークシート「予約表ひな形」をCopyメソッドでコピーしたのち、コード「Worksheets(3).Name = branch」で、ワークシート名を変数branchに格納されている店舗名に設定しているのでした。

ここまでの処理が終わった後に、コード「Set wsRsvfm = Worksheets(branch)」を記述して実行させる必要があります。なぜなら、次ページの図のとおり、目的の店舗の予約表のワークシート「Worksheets(branch)」そのものは、ひな形をコピーして、かつ、名前を設定したあとでなければ、実在しないからです。もし、その前にコード「Set wsRsvfm = Worksheets(branch)」を追加してしまうと、実在しないワークシートのオブジェクトを変数wsRsvfmに代入

することになり、実行時エラーとなってしまいます。

それと同時に、コード「Set wsRsvfm = Worksheets(branch)」は下図のとおり、コード「Worksheets(branch).Range("F3").Value = branch」の前に追加する必要もあります。このあと「Worksheets(branch)」を変数wsRsvfmに置き換えたいのであり、コード「Worksheets(branch).Range("F3").Value = branch」もその対象です。そのため、このコードの前に、変数wsRsvfmに「Worksheets(branch)」を格納しておく必要があるのです。

「Set wsRsvfm = Worksheets(branch)」を追加する場所

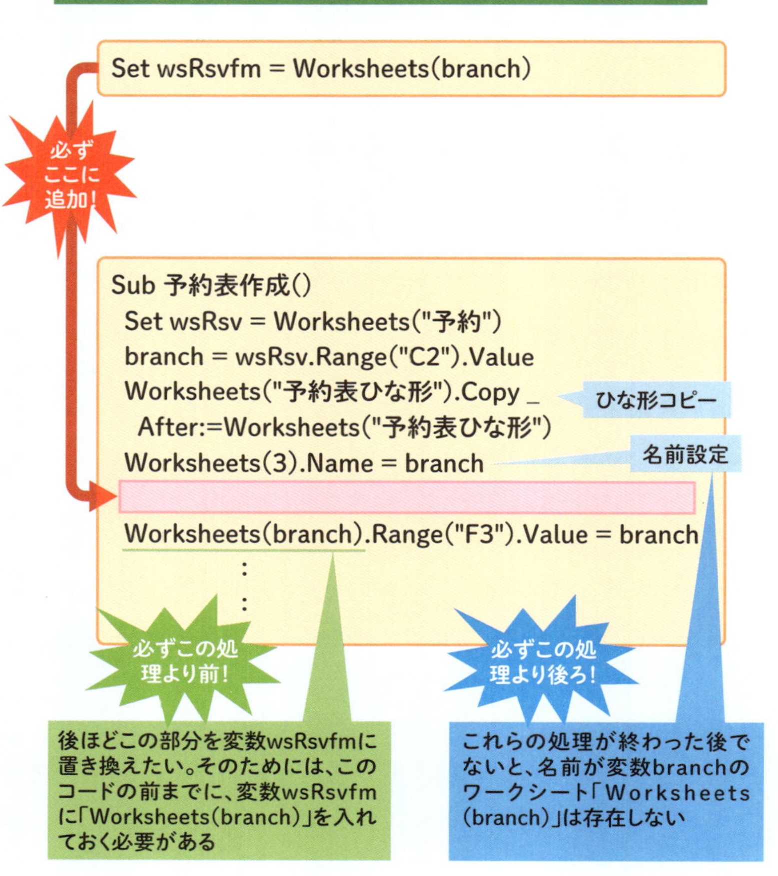

それでは、コード「Set wsRsvfm = Worksheets(branch)」を図の場所に追加しましょう。

追加前

```
Sub 予約表作成()
  Set wsRsv = Worksheets("予約")
  branch = wsRsv.Range("C2").Value
  Worksheets("予約表ひな形").Copy _
    After:=Worksheets("予約表ひな形")
  Worksheets(3).Name = branch
  Worksheets(branch).Range("F3").Value = branch
        :
        :
```

追加後

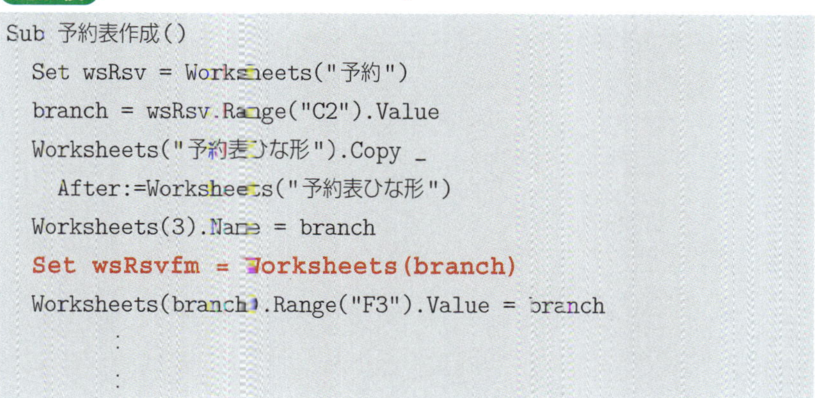

```
Sub 予約表作成()
  Set wsRsv = Worksheets("予約")
  branch = wsRsv.Range("C2").Value
  Worksheets("予約表ひな形").Copy _
    After:=Worksheets("予約表ひな形")
  Worksheets(3).Name = branch
  Set wsRsvfm = Worksheets(branch)
  Worksheets(branch).Range("F3").Value = branch
        :
        :
```

次に【STEP2】として、6箇所ある「Worksheets(branch)」をすべて変数wsRsvfmに置き換えてください。

変更前

```
Sub 予約表作成()
  Set wsRsv = Worksheets("予約")
  branch = wsRsv.Range("C2").Value
  Worksheets("予約表ひな形").Copy _
    After:=Worksheets("予約表ひな形")
  Worksheets(3).Name = branch
  Set wsRsvfm = Worksheets(branch)
  Worksheets(branch).Range("F3").Value = branch

  rw = 5

  For i = 5 To 30
    If wsRsv.Cells(2, 3).Value = _
      wsRsv.Cells(i, 3).Value Then
      Worksheets(branch).Cells(rw + 1, 2).Value = _
        wsRsv.Cells(i, 1).Value
      Worksheets(branch).Cells(rw, 2).Value = _
        wsRsv.Cells(i, 2).Value
      Worksheets(branch).Cells(rw, 4).Value = _
        wsRsv.Cells(i, 4).Value
      Worksheets(branch).Cells(rw + 1, 4).Value = _
        wsRsv.Cells(i, 5).Value
      Worksheets(branch).Cells(rw + 2, 4).Value = _
        wsRsv.Cells(i, 6).Value

      rw = rw + 3
    End If
  Next
End Sub
```

変更後

```
Sub 予約表作成()
  Set wsRsv = Worksheets("予約")
  branch = wsRsv.Range("C2").Value
  Worksheets("予約表ひな形").Copy _
    After:=Worksheets("予約表ひな形")
  Worksheets(3).Name = branch
  Set wsRsvfm = Worksheets(branch)
  wsRsvfm.Range("E3").Value = branch

  rw = 5

  For i = 5 To 30
    If wsRsv.Cells(2, 3).Value = _
      wsRsv.Cells(i, 3).Value Then
      wsRsvfm.Cells(rw + 1, 2).Value = _
        wsRsv.Cells(i, 1).Value
      wsRsvfm.Cells(rw, 2).Value = _
        wsRsv.Cells(i, 2).Value
      wsRsvfm.Cells(rw, 4).Value = _
        wsRsv.Cells(i, 4).Value
      wsRsvfm.Cells(rw + 1, 4).Value = _
        wsRsv.Cells(i, 5).Value
      wsRsvfm.Cells(rw + 2, 4).Value = _
        wsRsv.Cells(i, 6).Value

      rw = rw + 3
    End If
  Next
End Sub
```

すべて置き換えられたら動作確認を行い、今までと同じく意図通りの実行結果が得られるかチェックしておきましょう。
これで変数wsRsvfmを使い、予約表のワークシートのオブジェクト「Worksheets(branch)」を1箇所にまとめられました。コードの見た目がよりスッキリしたことに加え、もし、変数branchの変数名が変更されたり、そもそも予約表のワークシートのオブジェクトを別の方法で取得するよう変更したりしても、その1箇所のみを書き換えれば済むようになり、手間もミスのリスクも飛躍的に低減できました。

これで、2つの変数wsRsvとwsRsvfmを使い、ワークシート「予約」および目的の店舗の予約表のワークシートのオブジェクトをそれぞれ1箇所にまとめることができました。先述のとおり変更に対応しやすくなるとともに、ワークシートのオブジェクトを記述する文字量が減った関係で、コード全体がスッキリ見やすくなりました。スッキリ見やすくなると、コード編集作業の効率が上がり、見間違えなどによるミスも減らせるでしょう。
また、繰り返しになりますが、2箇所に登場する「Worksheets("予約表ひな形")」を変数でまとめるのは、今回は割愛します。余裕があれば挑戦するとよいでしょう。
なお、オブジェクトをまとめる他の方法に**Withステートメント**もあります。概要や使い方は次ページコラムで簡単に紹介します。

Withステートメントでオブジェクトをまとめる

オブジェクトはWithステートメントでもまとめられます。書式は次の通りです。

書式

```
With オブジェクト
  .プロパティ
     :
     :
End With
```

「With」の後ろに半角スペースを空け、まとめたいオブジェクトを記述します。Withステートメントの中は、そのオブジェクトの記述を省略でき、「.」から始まり、プロパティやメソッドのみ、もしくは子オブジェクト以降を書くことができます。

たとえば、次のような2つの命令文があるとします。

```
Worksheets("Sheet1").Range("A1").Value = 1
Worksheets("Sheet1").Range("B2").Value = 2
```

親オブジェクトである「Worksheets("Sheet1")」をWithステートメントでまとめると次のようになります。

```
With Worksheets("Sheet1")
  .Range("A1").Value = 1
  .Range("B2").Value = 2
End With
```

Withステートメントは手軽ですが、1つの命令文につき、1つのオブジェクトしかまとめられません。そのため、1つの命令文にまとめたいオブジェクトが1つだけならWithステートメント、2つ以上あるなら変数を使った方法といった使い分けをするとよいでしょう。

Chapter 08

変数は「宣言」してから使うようにすると安心！

変数の「宣言」って？　メリットは何？

本節では、Chapter08-01で挙げたコード改善点の2つ目として、変数についての改善に取り組みます。Chapter08-01で触れた「変数名の打ち間違えなどによるリスク」とは何か、どう改善すればよいかを解説します。

VBAの変数は基本的に、Chapter05-04で学んだように、変数名をコードに記述すれば、その名前の変数が使えるようになるのでした。この文法は手軽な反面、実はリスクと表裏一体と言えます。どういうリスクかというと、変数名を書けばいきなりその変数を使えるということは、同じ変数を再び使うために記述しようとした際、もしタイプミスしたら、別の新たな変数と見なされてしまいます。たとえば、「hoge」という名前の変数を使っており、再びその変数hogeを使おうとして、誤って「hoga」とタイプミスすると、変数名が異なるゆえに、別の新たな変数hogaと見なされます。

そうなると当然、プログラムはうまく動いてくれません。処理に使いたい変数とは全く別の変数なので、処理に使いたい値が格納されていないからです。特に変数が多く登場するコードだと、初心者はタイプミスになかなか気づかないものであり、なぜうまく動かないのかわからずに長時間悩んでしまうでしょう。

もし変数名をタイプミスすると…

変数hogeに10を代入し、メッセージボックスに表示したいとする

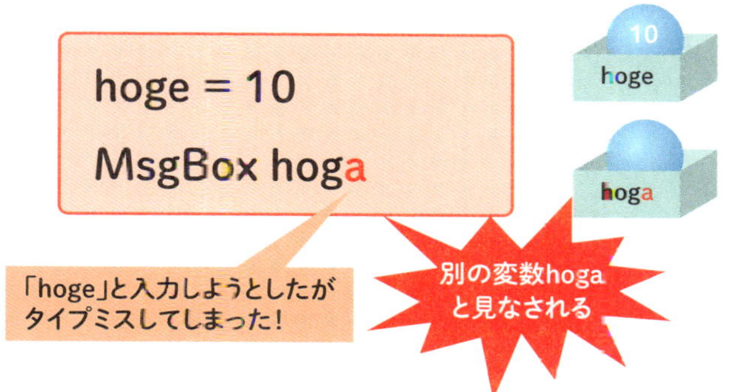

変数hogaには何も代入しておらず、中身は空なので、
メッセージボックスには何も表示されない

VBAにはそのような事態を未然に防ぐための仕組みが用意されています。①変数を「**宣言**」し、かつ、②**宣言した変数しか使えない**ようにするという仕組みです。

①変数の宣言とは、プログラムの最初にて「これからこんな名前の変数を使いますよ」と明示することです。そして、②と組み合わせることで、もし宣言していない変数を記述した状態で実行してしまうと、VBEが自動で検知してエラーを出してくれるようになります。そのため、タイプミスなどによって、別の変数が意図せず紛れ込んでしまうトラブルを防げるのです。

①変数の宣言は**Dim**ステートメントで行います。書式は次の通りです。キーワード「Dim」に続け、半角スペースを挟み、変数名を記述します。

書式

```
Dim 変数名
```

②宣言した変数しか使えないようにするには、**Option Explicit** ステートメントで行います。書式は次の通りであり、「Option Explicit」をそのまま記述します。

書式

```
Option Explicit
```

記述する場所は通常、Module1などモジュールの冒頭です。Subプロシージャの外側になります（「宣言セクション」と呼ばれます）。これで、宣言していない変数を使おうとすると、コンパイルエラーとなりプログラムが実行されません。そのかわりに、どの変数が宣言されていないのか、「変数が定義されていません」というエラーメッセージが表示され、なおかつ、コードウィンドウ上で該当箇所がハイライトされることで、きっちりと知らせてくれます（後ほど具体例を体験します）。

変数の宣言とOption Explicitステートメント

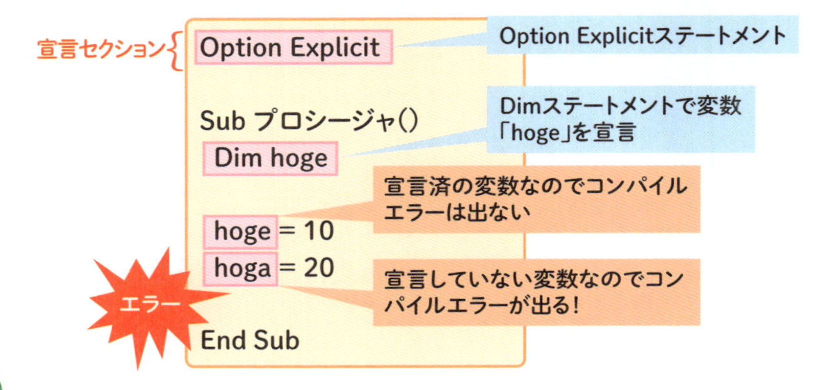

変数を宣言するようコードを改善しよう

それでは、本書サンプルのプログラムにて、変数を宣言するようコードを改善しましょう。現時点で使っている変数はi、rw、branch、wsRsv、wsRsvfmの5つです。それぞれの変数ごとにDimステートメントで宣言するコードを5つ記述してもよいのですが、次のようにDimに続いて変数名を「,」で区切って並べれば、複数の変数を1つのコードで宣言できます。

```
Dim i, rw, branch, wsRsv, wsRsvfm
```

では、上記コードをSubプロシージャ「予約管理」の冒頭に追加してください。その際、宣言と他の処理のコードとの区別をよりつけやすくするため、今回は下に空の行を挿入するとします。同時に、「Option Explicit」も忘れずにモジュール冒頭（「Sub 予約表作成()」の上）に追加します。同様に空の行を挿入するとします。

追加前

```
Sub 予約表作成()
  Set wsRsv = Worksheets("予約")
  branch = wsRsv.Range("C2").Value
      :
      :
```

追加後

```
Option Explicit

Sub 予約表作成()
  Dim i, rw, branch, wsRsv, wsRsvfm

  Set wsRsv = Worksheets("予約")
  branch = wsRsv.Range("C2").Value
      :
      :
```

追加できたら動作確認を行い、今までと同じく意図通りの実行結果が得られるかチェックしておきましょう。

ここで、宣言していない変数は本当にコンパイルエラーとなるか、変数名を一時的に変更することで、疑似体験してみましょう。ここでは変数wsRsvにワークシート「予約」のオブジェクトを代入するコードにて、変数名をタイプミスして、「wsRsb」と入力してしまったと仮定します。では、次のようにコードを変更してください。

```
Set wsRsv = Worksheets("予約")
```

```
Set wsRsb = Worksheets("予約")
```

変更できたら、実行してください。すると、次の画面のようにコンパイルエラーのメッセージ「変数が定義されていません」が表示されます。同時に、コードウィンドウ上では、タイプミスした変数wsRsbの該当箇所がハイライトされます。

宣言していない変数wsRsbがハイライトされた

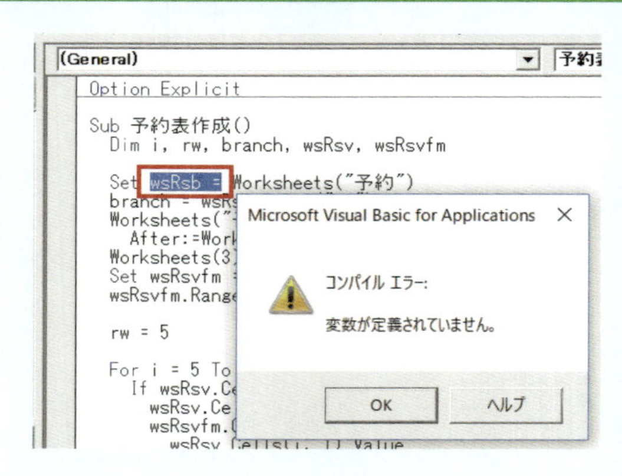

　このように、どの変数が宣言されていないのか、一目瞭然となります。もし宣言とOption Explicitがなければ、そのまま実行されてしまい、うまく動かない原因はなかなかわからないでしょう。

　確認できたら、一時的に変更した変数名を元の「wsRsv」に戻しましょう。必ず戻しておかないと、コンパイルエラーが出続けることになるので注意してください。

```
Set wsRsv = Worksheets("予約")
```

一時的に変更した変数名を元のwsRsvに必ず戻す

```
Sub 予約表作成()
  Dim i, rw, branch, wsRsv, wsRsvfm

  Set wsRsv = Worksheets("予約")
  branch = wsRsv.Range("C2").Value
```

元に戻す

Option Explicitを自動挿入する設定にしよう

　Option Explicitは毎回いちいち記述しなくても、VBEの設定を変更すれば、自動で挿入できます。手順は次のとおりです。

【手順1】VBEのメニューバーの[ツール]→[オプション]をクリック

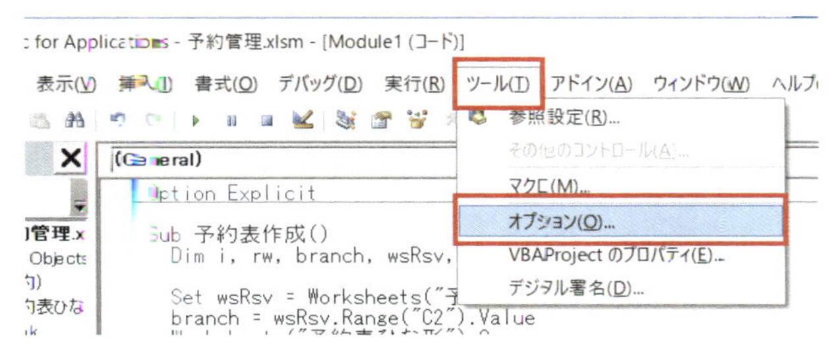

【手順2】「オプション」画面が表示されるので、[編集]タブの[変数の宣言を強制する]にチェックを入れる

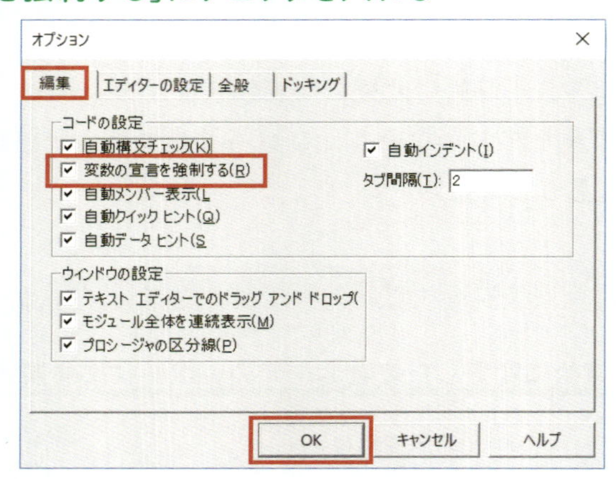

【手順3】[OK]をクリックして、「オプション」画面を閉じる

これで、以降は新規作成されたブックのモジュール、または追加で挿入したモジュールに、Option Explicitが自動で挿入されるようになります。記述の手間を省けるとともに、変数を使うプログラムを書く際、おのずと宣言しなければならなくなり、タイプミスによるリスクをより確実に防げるようになります。

なお、変数の宣言については、308、321ページのコラムも参照してください。

変数は「データ型」も指定できる

変数は宣言時にあわせて、**データ型**を指定することもできます。データ型とは、変数に格納できるデータの種類です。たとえば、整数しか格納できないようなデータ型にすると、その変数に文字列など整数以外のデータを代入するコードを記述すると、「型が一致しません」という実行時エラーによって事前に知らせてくれる機能です。これによって、変数に意図しない不適切なデータを代入することで起こるトラブルを未然に防げます。また、どのよう

な種類のデータを扱う変数なのか、コード見ればすぐ把握できるようにもなります。

VBAで変数のデータ型を指定する書式は次のとおりです。宣言のDimステートメントの後ろに、キーワード「**As**」を記述し、さらにデータ型を指定します。主なデータ型は表の通りです。

書式

```
Dim 変数名 As データ型
```

主なデータ型

名称	データ型	データの種類
長整数型	Long	整数
倍精度浮動小数点型	Double	小数
文字列型	String	文字列

たとえば、変数hogeを整数しか格納できないよう宣言するなら、データ型のLongを用いて、次のように記述します。

```
Dim hoge As Long
```

また、上記の表のデータ型の他に、オブジェクトのデータ型もあります。オブジェクトを格納する変数に用います。たとえばセルなら**Range**、ワークシートなら**Worksheet**です。Longなどと同じく、宣言の際にAsの後ろに指定します。他にもオブジェクトの種類に応じて、さまざまなデータ型があります。なお、先述のWorksheetは単体のワークシートのオブジェクトであるため、最後に「s」が付かないなど、一部のデータ型はスペルに注意が必要です。

もっとも、データ型は必須の仕組みではないので、初心者のあいだは無理に使う必要はありません。VBAに慣れてきたら、指定するようにするぐらいのスタンスでよいでしょう。

なお、データ型を指定しないと、**Variant型**の変数と見なされます。Variant型は数値だろうが文字列だろうがオブジェクトだろうが、どんなデータでも格納できるデータ型です。Subプロシージャ「予約表作成」の5つの変数はデータ型を指定していないので、いずれもVariant型になります。

Chapter 08

予約データの件数の増減に自動で対応可能にしよう

数値を直接指定している箇所を改善

Chapter08-01で提示した改善点のうち、1つ目と2つ目は終わりました。本節と次節にて、3つ目の改善点として、数値を直接記述している箇所を改善します。

3つ目で改善すべき問題はChapter08-01で挙げたように、数値を直接記述していると、表の場所が移動したなどの変更への対応でコードを書き換える際、手間がかかること、および、ミスの恐れが大きいことの2つでした。Subプロシージャ「予約表作成」は現在、Chapter08-01で図示したように、主に以下の箇所にて数値を直接記述しています。

- **予約表のワークシートの指定（「Worksheets(3)」）**
- **Cellsの行と列**
- **For...Nextステートメントの初期値と最終値**
- **変数rwに代入したり、値を増やしたりする数値**

本節では、For...Nextステートメントの最終値に指定している数値の30のみにフォーカスし、その改善を行うとします。残りの改善は次節で取り組みます。

For...Nextの最終値をいちいち書き換えるのはメンドウ

For...Nextステートメントの最終値に指定している30という数値は、予約データの表の最後の行番号（データが入力されているセル範囲の最後の行番号）でした。予約データの件数が増減した場合の対応に大きく関係します。現状のコードでは、どのような手間が考えられるでしょうか？

予約データの表のセル範囲はワークシート「予約」のA4～F30セルです。4行目は列見出しなので、データ自体は5～30行目に格納されています。ここで、予約データが1件増えたと仮定します。すると、その増えた予約データが31行目に追加されることになります。

Subプロシージャ「予約表作成」は現在、予約データの表を先頭の5行目から最後の30行目まで、行方向に順に処理するため、For...Nextステートメントによる繰り返しを用いています。現時点で初期値には5、最終値には30を指定しています。この5は予約データが格納されている先頭の行、30は最後の行の番号になります。

```
For i = 5 To 30
```

もし、予約データが1件増えたら、表の最後は31行目になるので、最終値を30から31に書き換える必要があります。

```
For i = 5 To 31
```

予約データが増える度に最終値を書き換え

⦿先頭から最後まで繰り返す

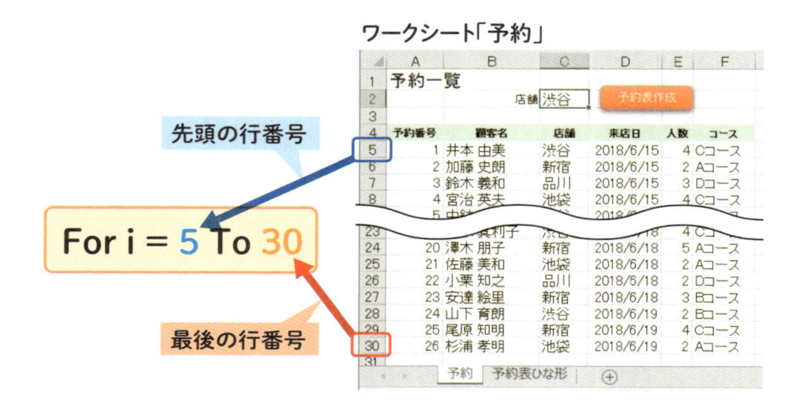

⦿もし予約データが1件増えたら‥‥

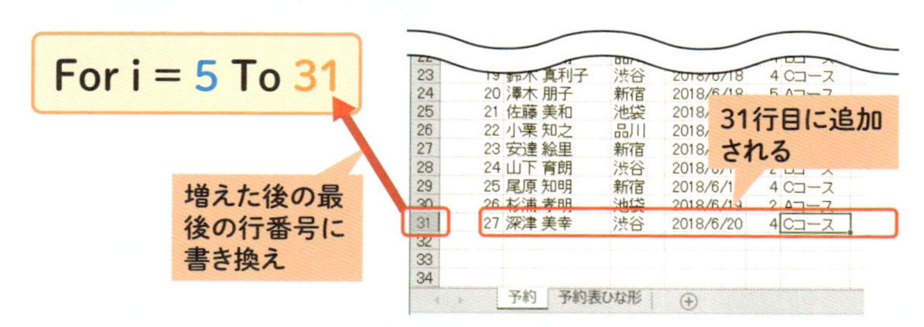

以降も予約データが増える度に、For...Nextステートメントの最終値を表の最後の行番号の数値に変更すれば対応できます。逆に予約データが減った場合も同様です。

このように予約データの件数が増減したら、最終値を表の最後の行番号に変更することで確かに対応できるものの、件数の増減の度にいちいち書き換えていてはキリがなく、トータルで膨大な手間を費やしてしまうでしょう。もちろん、ミスの恐れもつきまといます。

EndとRowで表の最後のセルの行番号を取得

そのような問題を解決するため、予約データの件数の増減に自動で対応できるよう、コードを改善します。件数が増えようが減ろうが、コードを一切書き換えることなく、対応できようになります。

自動対応させる方法は何通りか考えられますが、今回はEndプロパティを軸とする方法を採用するとします。EndプロパティにRowプロパティを組み合わせた方法であり、表の最後の行番号の数値を自動で取得します。その行番号の数値をFor...Nextステートメントの最終値に指定することで、予約データの件数の増減に自動対応可能とします。EndプロパティとRowプロパティのキホン、およびこの方法の具体的な仕組みとコードは、このあと順に詳しく解説していきます。

最初に、Endプロパティのキホンから解説します。指定した表の上／下／左／右端のセルを取得できるプロパティです。Excelのショートカットの[Ctrl]＋矢印キーの機能をVBAで操作するためのプロパティになります。[Ctrl]＋矢印キーのショートカットはたとえば、本書サンプルの予約データの表にて、A4セルを選択した状態で、[Ctrl]＋[↓]キーを押すと、A4セルを出発点として、同じA列で表の下端セル（最後のセル）に該当するA30セルが選択されます。このように表の中のセル（例ではA4セル）を出発点とすると、矢印キーの方向で表の最後のセルが選択されます。

ショートカットキー Ctrl ＋ ↓ の例

A4 予約番号

	A	B	C	D	E	F
1	予約一覧					
2		店舗	渋谷	予約表作成		
3						
4	予約番号	顧客名	店舗	来店日	人数	コース
5	1	井本 由美	渋谷	2018/6/15	4	Cコース
6		藤 史朗	新宿	2018/6/15	2	Aコース
7		木 義和	品川	2018/6/15	3	Dコース
8	4	宮治 英夫	池袋	2018/6/15	4	Cコース
9	5	中鉢 朋子	渋谷	2018/6/15	6	Bコース
10	6	深見 奈緒子	渋谷	2018/6/15	2	Cコース
11	7	玉森 洋樹	池袋	2018/6/16	4	Aコース
12	8	光田 達矢	品川	2018/6/16	5	Dコース
13	9	加藤 恭子	新宿	2018/6/16	2	Bコース
14	10	山岡 洋宣	渋谷	2018/6/16	4	Cコース
15	11	井上 俊彦	池袋	2018/6/16	6	Bコース
16	12	柴田 美保子	新宿	2018/6/16	4	Aコース
17	13	山本 徹真	品川	2018/6/16	2	Dコース
18	14	松井 由紀子	品川	2018/6/17	6	Cコース
19	15	鍋田 あゆみ	新宿	2018/6/17	5	Bコース
20	16	鈴木 善博	池袋	2018/6/17	4	Aコース
21	17	小見山 尚子	渋谷	2018/6/17	2	Dコース
22	18	小笠原 靖	品川	2018/6/17	4	Bコース
23	19	鈴木 真利子	渋谷	2018/6/18	4	Cコース
24	20	澤木 朋子	新宿	2018/6/18	5	Aコース
25	21	佐藤 美和	池袋	2018/6/18	2	Aコース
26	22	小栗 知之	品川	2018/6/18	2	Dコース
27	23	安達 絵里	新宿	2018/6/18	3	Bコース
28	24	山下 育朗	渋谷	2018/6/19	2	Bコース
29	25	尾原 知明				
30	26	杉浦 孝明				
31						

予約　予約表ひな形

選択する

Ctrl ＋ ↓ キーを押す

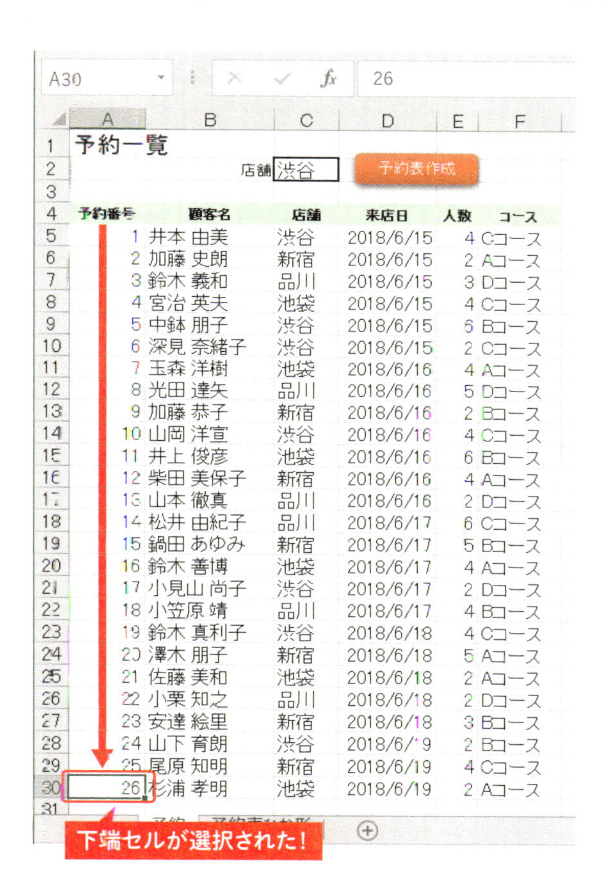

予約番号	顧客名	店舗	来店日	人数	コース
1	井本 由美	渋谷	2018/6/15	4	Cコース
2	加藤 史朗	新宿	2018/6/15	2	Aコース
3	鈴木 義和	品川	2018/6/15	3	Dコース
4	宮治 英夫	池袋	2018/6/15	4	Cコース
5	中鉢 朋子	渋谷	2018/6/15	6	Bコース
6	深見 奈緒子	渋谷	2018/6/15	2	Cコース
7	玉森 洋樹	池袋	2018/6/16	4	Aコース
8	光田 達矢	品川	2018/6/16	5	Dコース
9	加藤 恭子	新宿	2018/6/16	2	Bコース
10	山岡 洋宣	渋谷	2018/6/16	4	Cコース
11	井上 俊彦	池袋	2018/6/16	6	Bコース
12	柴田 美保子	新宿	2018/6/16	4	Aコース
13	山本 徹真	品川	2018/6/16	2	Dコース
14	松井 由紀子	品川	2018/6/17	6	Cコース
15	鍋田 あゆみ	新宿	2018/6/17	5	Bコース
16	鈴木 善博	池袋	2018/6/17	4	Aコース
17	小見山 尚子	渋谷	2018/6/17	2	Dコース
18	小笠原 靖	品川	2018/6/17	4	Bコース
19	鈴木 真利子	渋谷	2018/6/18	4	Cコース
20	澤木 朋子	新宿	2018/6/18	5	Aコース
21	佐藤 美和	池袋	2018/6/18	2	Aコース
22	小栗 知之	品川	2018/6/18	2	Dコース
23	安達 絵里	新宿	2018/6/18	3	Bコース
24	山下 育朗	渋谷	2018/6/19	2	Bコース
25	尾原 知明	新宿	2018/6/19	4	Cコース
26	杉浦 孝明	池袋	2018/6/19	2	Aコース

Endプロパティの書式は次のとおりです。

書式

```
セル.End(方向)
```

上記書式の「セル」の部分には、出発点となるセルのオブジェクトを指定します。カッコ内の引数には方向に応じて、以下の表の定数を指定します。

Endプロパティに指定できる定数

定数	方向
xlUp	上
xlDown	下
xlToLeft	左
xlToRight	右

この書式に沿って記述すると、表の上／下／左／右端のセルのオブジェクトを取得できます。たとえば、予約データの表のA列の下端セルを取得するコードは以下になります。出発点のセルは、表内でA列のセルなら何でもよいのですが、今回は先頭の見出し行にあるA4セルとしています。

```
Worksheets("予約").Range("A4").End(xlDown)
```

予約データの表のA列は30行目までデータが格納されているので、上記コードで取得されるのは、A4セルを出発点に、A列の下端であるA30セルのオブジェクトになります。このセルは、A列における表の最後のセルになります。

Endプロパティで取得できるのは、あくまでもセルのオブジェクトです。For...Nextステートメントの最終値には、予約データの表の最後のセルのオブジェクトではなく、行番号の数値を指定したいのでした。そこで利用するのがRowプロパティです。指定したセルの行番号の数値を取得します。書式は次のとおりです。

書式

```
セル.Row
```

上記書式の「セル」の部分には、目的のセルのオブジェクトを指定します。たとえば、予約データの表のA30セルの行番号を取得したければ、次のように記述します。

```
Worksheets("予約").Range("A30").Row
```

すると、A30セルの行番号である30という数値が得られます。

このRowプロパティを、先ほどEndプロパティの例に挙げた、予約データの表のA列の最後のセルを取得するコード「Worksheets("予約").Range("A4").End(xlDown)」に付与して、次のように記述したとします。

```
Worksheets("予約").Range("A4").End(xlDown).Row
```

「Worksheets("予約").Range("A4").End(xlDown)」で得られるのは、A列における最後のセルであるA30セルのオブジェクトです。それにRowプロパティを付けることで、そのセルの行番号である30という数値が得られます。

EndとRowで表の最後のセルの行番号を取得する仕組み

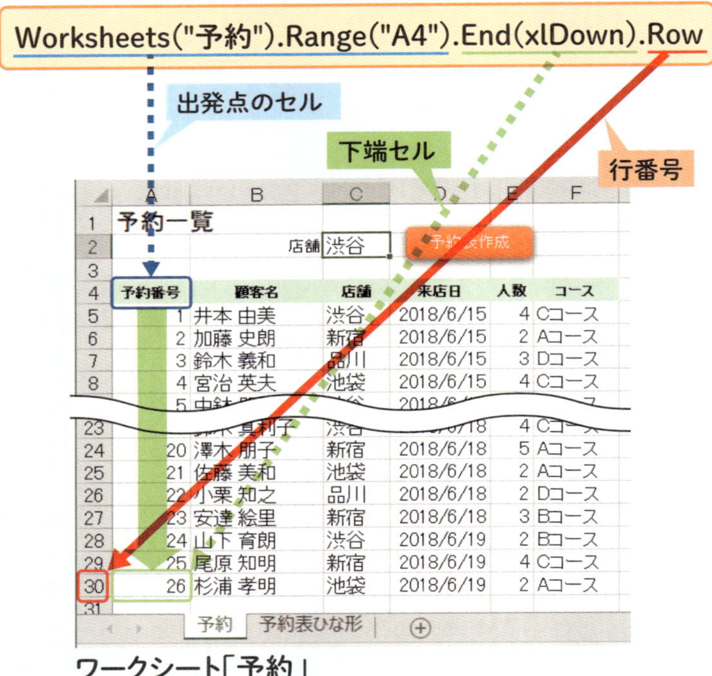

ワークシート「予約」

本当に30という数値が得られるか、練習用のSubプロシージャ「test」で体験してみましょう。上記コードの値をメッセージボックスに表示するとします。次のようにコードを記述してください。

```
Sub test()
  MsgBox Worksheets("予約").Range("A4").End(xlDown).Row
End Sub
```

実行すると、メッセージボックスに「30」と表示されます。意図通り、A列における最後のセルであるA30セルの行番号が得られることがわかりました。

A列の最後のセルの行番号30が表示される

このコードなら、もし表の最後が30行目以外でも、その最後の行にあわせて行番号の数値を取得し、メッセージボックスに表示できます。

 サンプルのコードを改善しよう

これで、Endプロパティと Rowプロパティを組み合わせ、表の最後の行番号の数値を取得する方法がわかりました。さっそくSubプロシージャ「予約表作成」に用いて、予約データの件数の増減に自動で対応できるようコードを改善しましょう。

For...Nextステートメントの最終値に、先ほど体験した「Worksheets("予約").Range("A4").End(xlDown).Row」をそのまま記述すれば、目的とおりに改善できます。ただし、「Worksheets("予約")」はすでにChapter08-02にて、変数wsRsvにまとめているので、変数wsRsvを使ったかたちの以下のコードになります。

```
wsRsv.Range("A4").End(xlDown).Row
```

では、For...Nextステートメントの最終値を現在の30から、上記のコードに置き換えてください。

```
      :
      :
For i = 5 To 30
      :
      :
```

変更後

```
      :
      :
For i = 5 To wsRsv.Range("A4").End(xlDown).Row
      :
      :
```

これで、予約データの件数の増減に自動で対応できるようになりました。意図通りの結果が得られるか、さっそく動作確認してみましょう。ここで、以下の予約データを1件増やしてみます。

予約番号	顧客名	店舗	来店日	人数	コース
27	深津 美幸	渋谷	2018/6/20	4	Cコース

このデータをワークシート「予約」の31行目に手で入力して追加してください。

31行目に予約データを1件追加

行	A 予約番号	B 顧客名	C 店舗	D 来店日	E 人数	F コース
5	1	井本 由美	渋谷	2018/6/15	4	Cコース
6	2	加藤 史朗	新宿	2018/6/15	2	Aコース
7	3	鈴木 義和	品川	2018/6/15	3	Dコース
8	4	宮治 英夫	池袋	2018/6/15	4	Cコース
9	5	中鉢 朋子	渋谷	2018/6/15	5	Bコース
10	6	深見 奈緒子	渋谷	2018/6/15	2	Cコース
11	7	玉森 洋樹	池袋	2018/6/16	4	Aコース
12	8	光田 達矢	品川	2018/6/16	5	Dコース
13	9	加藤 恭子	新宿	2018/6/16		
29	25	尾原 知明	新宿	2018/6/19	4	Cコース
30	26	杉浦 孝明	池袋	2018/6/19	2	Aコース
31	27	深津 美幸	渋谷	2018/6/20	4	Cコース

追加

予約　予約表ひな形

追加できたら、実行してみましょう。追加した1件の予約データは渋谷店のものなので、動作確認は渋谷店の予約表で行う必要があります。渋谷店以外の店舗で動作確認しても、31行目に追加した予約データがちゃんと転記されるかどうかを確認できないからです。

では、ワークシート「予約」のC2セルに「渋谷」を入力した状態で、［予約表作成］ボタンをクリックしてください。

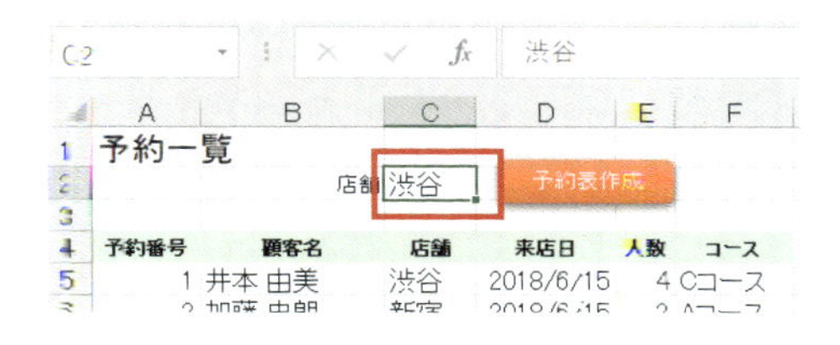

すると、追加した1件の予約データを含めたかたちで、予約表が作成されることが確認できます。

追加した予約データを含めて予約表が作成される

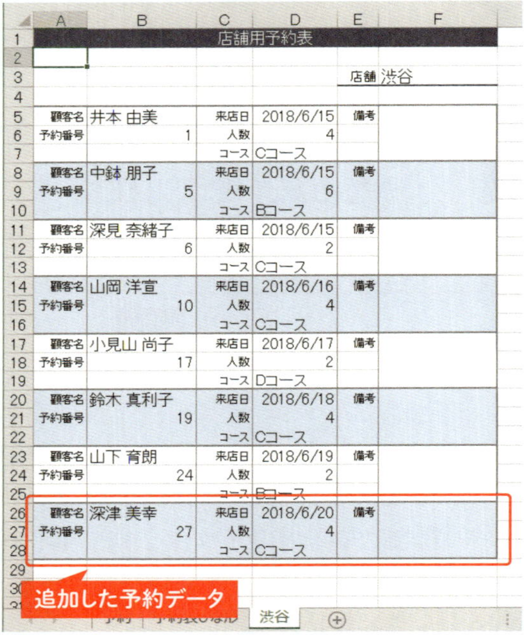

	A	B	C	D	E	F
1	店舗用予約表					
2						
3					店舗	渋谷
4						
5	顧客名	井本 由美	来店日	2018/6/15	備考	
6	予約番号	1	人数	4		
7			コース	Cコース		
8	顧客名	中鉢 朋子	来店日	2018/6/15	備考	
9	予約番号	5	人数	6		
10			コース	Bコース		
11	顧客名	深見 奈緒子	来店日	2018/6/15	備考	
12	予約番号	6	人数	2		
13			コース	Cコース		
14	顧客名	山岡 洋宣	来店日	2018/6/16	備考	
15	予約番号	10	人数	4		
16			コース	Cコース		
17	顧客名	小見山 尚子	来店日	2018/6/17	備考	
18	予約番号	17	人数	2		
19			コース	Dコース		
20	顧客名	鈴木 真利子	来店日	2018/6/18	備考	
21	予約番号	19	人数	4		
22			コース	Cコース		
23	顧客名	山下 育朗	来店日	2018/6/19	備考	
24	予約番号	24	人数	2		
25			コース	Bコース		
26	顧客名	深津 美幸	来店日	2018/6/20	備考	
27	予約番号	27	人数	4		
28			コース	Cコース		
29						

追加した予約データ

渋谷

「wsRsv.Range("A4").End(xlDown).Row」によって、予約データの表における最後の行番号の数値である31が取得され、For...Nextステートメントの最終値に指定されることになります。追加した31行目の予約データまで、もれなく繰り返し処理できるようになりました。そのため、渋谷店の予約表は、追加した31行目の予約データもちゃんと含まれたのです。

これで意図通り、予約データの件数の増減に自動で対応できるようになったことが確認できました。予約データの件数がいくら増えようが減ろうが、コードを一切書き換えることなく対応可能になりました。なお、今回はA列で最後のセルのオブジェクトを取得しましたが、表のデータが入っている列であるB～F列でも構いません。

Column

表の最後のセルを“下から上”で取得する方法

予約データの表の最後のセルの行番号を取得するコード「wsRsv.Range("A4").End(xlDown).Row」は、表のA列の一番上であるA4セルを出発点に、下端セルを取得しています。Endプロパティはこのような“上から下”のかたちだけでなく、“下から上”のかたちのコードでも、表の最後のセルを取得することができます。

“下から上”の方法では、出発点は表の外の下側に位置するセルにします。そして、Endプロパティの機能として、出発点から進行方向のセルが空の場合、最初にデータが入っているセルを取得するようになっています。そのため、表の最後のセルを取得できるのです。試しにワークシート「予約」にて、表の外で下側にある任意のセル（列はA～Fのいずれか）を選択し、Ctrl+↑を押して、表の最後のセルが選択されることを確認するとよいでしょう。

具体的なコードは、出発点のセルのオブジェクトは通常、ワークシート自体の最終行である1048576行目のセルを指定します。ここではA列の最終行であるA1048576セルを出発点とします。Endプロパティの引数には、上端セルの定数xlUpを指定します。以上を踏まえるとコードは次になります。

```
wsRsv.Range("A1048576").End(xlUp).Row
```

このコードをFor...Nextステートメントの最終値に指定しても同様に、予約データの増減に自動対応可能となります。

定数xlDownによる“上から下”との使い分けですが、表の途中に空のセルがないなら、どちらの方法でも構いません。空のセルがあるなら、“下から上”を使う必要があります。“上から下”だと、空のセルの手前のセルが下端セルとして取得されてしまいます。一方、表の外の下側に注釈など何かしらのデータが入ったセルがあるなら、“上から下”を使います。“下から上”だと、注釈などのセルが上端のセルとして取得されてしまいます。このように表のデータの入力状況や体裁などに応じて、2つの方法を使い分けましょう。

Chapter 08

数値を直接記述している箇所を改善しよう

なぜ数値を直接記述しない方がいいの？

本節では前節に続き、Chapter08-01で提示した3つ目の改善点として、数値を直接記述している箇所の改善を行います。前節では、For...Nextステートメントの最終値のみにフォーカスし、予約データの表における件数の増減に自動対応できるよう改善しました。本節では、数値を直接記述している残りの箇所の改善に取り組みます。

ここで改めて、そもそも数値を直接記述していると何が困るかを解説します。Subプロシージャ「予約表作成」の現在のコードにて、たとえば数値の3を直接記述している箇所は、大きく分けて次の①～③に分類されます。

①ワークシート名を設定する処理で、3番目のワークシート

```
Worksheets(3).Name = branch
```

②ワークシート「予約」の列「店舗」の列番号

```
wsRsv.Cells(2, 3).Value = _
  wsRsv.Cells(i, 3).Value Then
```

③転記先の基準の行を3行進めるため、変数rwを増やす値

```
rw = rw + 3
```

これら①～③における数値の3は上記のとおり、いずれも意味および用途が異なります。同じ数値の3でも、全くことなる意味・用途で使われています。

ここで、数値の3を変更するケースを想定してみましょう。たとえば、ワークシート「予約」の表の場所を1列右に移動する必要が生じたとします。この場合、対応するには、②でCellsの列に指定している3を4に書き換えればよいことになります。2箇所あるので、ともに書き換えます。

このように①～③の違いをきちんと把握していればよいのですが、ありがちなミスは「3と書いているところを全部4に変更しちゃえ」のように、3をすべて機械的に4に書き換えてしまうことです。①や③はたまたま同じ3ですが、意味・用途は全く異なり、本来4に変更してはいけないので、当然プログラムはおかしくなってしまいます。①なら、4番目のワークシートになってしまい、目的のワークシートではなくなるので、以降の処理が意図通り行えません。③なら、予約データが4行おきに転記されるようになってしまいます。

しかし、3という数値が直接記述されていると、プログラムを書いた本人ですら、どうしてもうっかり機械的にすべて書き換えてしまいがちです。ましてや、後任者に引き継いだ場合、後任者はどの箇所の数値を変更すればよいのか、混乱してしまうでしょう。

数値を直接記述しているコードの問題

たとえば、数値の3なら①～③の違いがあるが・・・

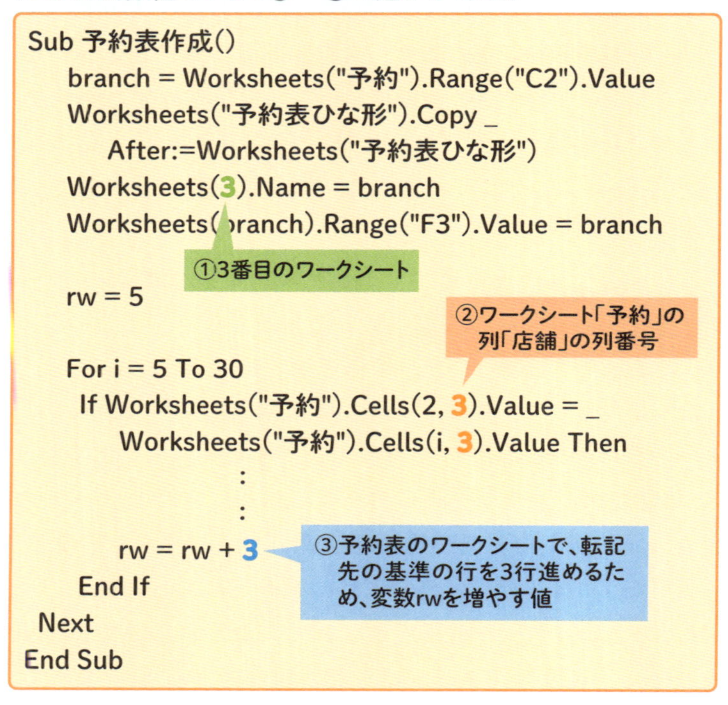

```
Sub 予約表作成()
    branch = Worksheets("予約").Range("C2").Value
    Worksheets("予約表ひな形").Copy _
        After:=Worksheets("予約表ひな形")
    Worksheets(3).Name = branch
    Worksheets(branch).Range("F3").Value = branch

    rw = 5

    For i = 5 To 30
     If Worksheets("予約").Cells(2, 3).Value = _
        Worksheets("予約").Cells(i, 3).Value Then
                    :
                    :
        rw = rw + 3
     End If
  Next
End Sub
```

同様に、数値の5についても、直接記述している箇所は大きく分けて次の④～⑥の3箇所あります。

④転記先の基準の行の開始行

```
rw = 5
```

⑤予約データの表のデータの開始行

```
For i = 5 To wsRsv.Range("A4").End(xlDown).Row
```

⑥予約データの表の列「人数」の列番号

```
wsRsv.Cells(i, 5).Value
```

このように同じ5でも、転記先の開始行、予約データの表の開始行や列といった異なる意味でそれぞれ使われています。何かしらの変更に対応する際、5をすべて機械的に書き換えると、当然プログラムはおかしくなってしまいます。

数値を定数化して置き換えることで改善

これらのようなコードに数値を直接記述している箇所の問題を解決するための定番の手法が**定数**です。VBAにおける定数はたとえば、vbRedなど色を表す定数、Endプロパティで登場した方向を表すxlDownなどがあります。これらの定数はVBAに最初から用意された定数であり、一般的には**組み込み定数**などと呼ばれます。

VBAではさらに、ユーザーがオリジナルの定数を定義することもできます。指定した名前の定数に、指定した値（数値や文字列など）を紐づけるかたちで定義することで、その定数をプログラムで使うことができます。そういったオリジナルの定数は一般的には**ユーザー定義定数**と呼ばれます。

Subプロシージャ「予約表作成」のコードを定数によって改善する大まかな流れは、直接記述している数値それぞれについて、上記①～⑥のように意味の違いごとに、ユーザー定義定数を定義します。そして、数値を直接記述している箇所を各定数に置き換えます。

意味の異なる数値ごとにユーザー定義定数を定義して置き換え

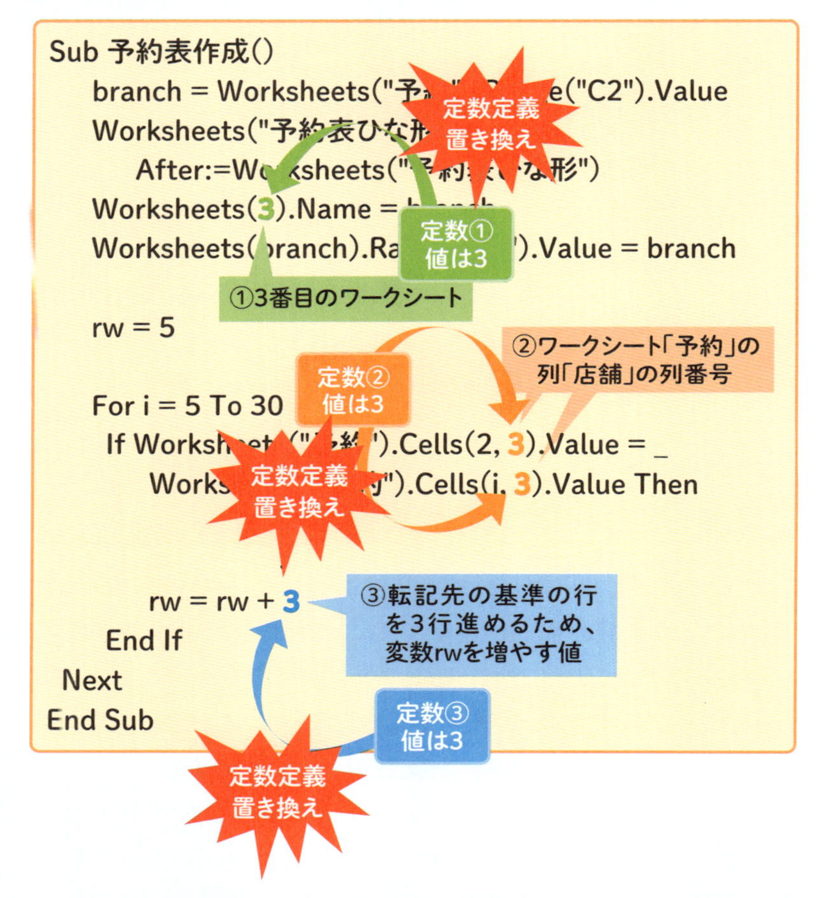

ユーザー定義定数を定義するには、Constステートメントを用います。基本的な書式は次のとおりです。

書式

```
Const 定数名 = 値
```

なお、変数同様にデータ型も指定できますが、本書では省略します。省略すると、データ型は値から自動で判断されます。

たとえば、「HOGE_TEISU」という名前で、値は数値の10である定数を定義するコードは以下になります。

```
Const HOGE_TEISU = 10
```

この定義のコード以降で、定数HOGE_TEISUをコード内に記述すると、数値の10として処理に用いられます。たとえば、「MsgBox HOGE_TEISU」というコードなら、実行するとメッセージボックスに10が表示されます。

なお、プログラミング業界の慣例として、定数名はアルファベットは大文字のみを使い、「_」(アンダースコア)や数字との組み合わせで命名するのが一般的です(ただしVBAのルールとして、数字は定数名の先頭には使えません)。本書でも、この慣例の命名規則を採用するとします。

この慣例の命名規則の目的は、変数と定数の区別がひと目でつくようにするためです。そのため、通常は変数の命名規則とセットで用います。変数の命名規則はたとえば、「アルファベットはすべて小文字のみ」や「最初の1文字目は必ずアルファベットの小文字」などです。定数名はアルファベットがすべて大文字で、変数は小文字混じりにすることで、両者を区別しやすくするのです。

定数と変数を区別しやすくする目的は、意図通り動作しない場合のチェックや、機能追加・変更の作業をより効率よく行えるようにするためです。たとえばチェック作業なら、変数の値の変化を追う際、どれが変数なのかひと目でわかれば、追うべき対象を素早く特定できます。もし、定数と変数の区別がひと目でつかなければ、いちいちコードをさかのぼってどちらなのか確認する必要があり、チェック作業に余計な手間と時間がかかってしまうでしょう。

もちろん、この定数や変数の命名規則はあくまでも慣例なので、必ず従う必要はありません。従わなくても、VBAの文法・ルールに反さないので問題ありません。また、変数と定数の区別がひと目でつくよう、命名規則に一貫性があれば、他の規則でも構いません。ただ、とくにこだわりがなければ、定数はこの慣例の命名規則を採用することをオススメします。

数値の3を直接記述している箇所を定数化しよう

ユーザー定義定数の基礎を学んだところで、さっそくSubプロシージャ「予約表作成」で数値を直接記述している箇所を定数化して改善しましょう。

直接記述している数値はいくつかありますが、ここでは数値の3を直接記述している箇所のみに絞って定数化するとします。該当箇所は先述の①～③です。定数名は何でもよいのですが、今回、①は「WS_RSVF_NO」、②は「CLM_RSV_CLNT」、③は「RW_RSVF_UNIT」します。慣例の命名規則に従っています（定数名は数値の意味がわかり、かつ、長すぎないのが理想です。変数名も同様です）。

すると、ユーザー定義定数として、Constステートメントで定義するコードはそれぞれ以下になります。

①ワークシート名を設定する処理で、3番目のワークシート

```
Const WS_RSVF_NO = 3
```

②ワークシート「予約」の列「店舗」の列番号

```
Const CLM_RSV_CLNT = 3
```

③転記先の行を3行進めるため、変数rwを増やす値

```
Const RW_RSVF_UNIT = 3
```

では、Subプロシージャ「予約表作成」に、3つのユーザー定義定数を定義するコードを追加し、かつ、該当箇所の3をそれぞれ定数に置き換えましょう。定数定義のコードでは今回、どのような意味なのかのコメントも、それぞれ記述するとします。

追加・変更前

```
Sub 予約表作成()
  Dim i, rw, branch, wsRsv, wsRsvfm

  Set wsRsv = Worksheets("予約")
  branch = wsRsv.Range("C2").Value
  Worksheets("予約表ひな形").Copy _
    After:=Worksheets("予約表ひな形")
  Worksheets(3).Name = branch
  Set wsRsvfm = Worksheets(branch)
  wsRsvfm.Range("F3").Value = branch

  rw = 5

  For i = 5 To wsRsv.Range("A4").End(xlDown).Row
    If wsRsv.Cells(2, 3).Value = _
      wsRsv.Cells(i, 3).Value Then
        :
        :
      rw = rw + 3
    End If
  Next
End Sub
```

```
Sub 予約表作成()
  Const WS_RSVF_NO = 3      '予約表のワークシートの順番
```

```
  Const CLM_RSV_CLNT = 3  '予約データの表の列「店舗」の列番号
  Const RW_RSVF_UNIT = 3  '転記先の行を進める行数

  Dim i, rw, branch, wsRsv, wsRsvfm

  Set wsRsv = Worksheets("予約")
  branch = wsRsv.Range("C2").Value
  Worksheets("予約表ひな形").Copy _
    After:=Worksheets("予約表ひな形")
  Worksheets(WS_RSVF_NO).Name = branch
  Set wsRsvfm = Worksheets(branch)
  wsRsvfm.Range("F3").Value = branch

  rw = 5

  For i = 5 To wsRsv.Range("A4").End(xlDown).Row
    If wsRsv.Cells(2, CLM_RSV_CLNT).Value = _
      wsRsv.Cells(i, CLM_RSV_CLNT).Value Then
        :
        :
      rw = rw + RW_RSVF_UNIT
    End If
  Next
End Sub
```

追加・変更できたら動作確認を行い、今までと同じく意図通りの実行結果が得られるかチェックしておきましょう。

これで、数値の3を直接記述していた①〜③の箇所を、それぞれユーザー定義定数に置き換えられました。今後もし、予約データの表の場所を移動するなど、機能の追加・変更が必要になった際、定数を定義するコードにて、紐づけている値の部分だけを変更すれば済むようになります。また、同じ3でも意味ごとに分けて定数化したため、先述のように混乱して誤って変更してしまうリスクも最小化できました。このように定数化によってコードを改善できました。

また、定数定義のコードにて、定数の意味がわかるようにコメントを記しておくと、後ほど機能追加・変更に対応するため、定数の値を変更するなどの際、大きな手助けとなるのでオススメです。

これで数値の3を直接記述していた箇所のコードを定数で改善できました。あとは同様に、数値の5を直接記述している④～⑥の箇所も、ユーザー定義定数をそれぞれ定義した後に置き換えます。加えて、他に直接記述している数値の1、2、4、6についても同様に定数化します。その改善作業は本書では割愛させていただきます。

また、今回はまず数値を直接記述するかたちでコードを記述し、そのあとでまとめて定数化しましたが、読者のみなさんが今後プログラムを作る際、慣れてきたら、コードを書いている最中から、随時定数化していくとよいでしょう。

文字列を直接記述している箇所も定数化

本節ではここまでに、Subプロシージャ「予約表作成」で数値を直接記述している箇所を定数化することでコードを改善してきました。コードの改善としては数値の他に、文字列を直接記述している箇所も定数化することが望まれます。

たとえば、「Set wsRsv = Worksheets("予約")」のコードでワークシート名の文字列「予約」を指定している「"予約"」です。他にも、Rangeのカッコ内でセル番地を指定している箇所なども、文字列が直接記述されています。これらの文字列もそれぞれ定数化しておき、直接記述していた箇所に置き換えると、数値のケースと同じメリットが得られるようコードを改善できます。本書ではその解説は割愛させていただきますが、余裕があれば挑戦してみましょう。

　また、目的の店舗を入力するワークシート「予約」のC2セルは現在、Ifステートメントの条件式の左辺に「wsRsv.Cells(2, CLM_RSV_CLNT).Value」と、列に定数CLM_RSV_CLNTを指定しています。もし、C2セルとC4セル以降の表の部分の列を連動して揃えず、別々に場所を変更できるようしたければ、C2セルをRangeに戻して、セル番地の文字列「C2」を定数化します。もちろん、Cellsのままで、行と列それぞれ定数を別途定義してもよいでしょう。

Column

プロシージャレベルとモジュールレベルの変数と定数　その1

　変数と定数には、**プロシージャレベル**と**モジュールレベル**の2種類があります。まずは変数について解説します。プロシージャレベル変数はプロシージャ内だけで使える変数であり、プロシージャ内で宣言します。モジュールレベル変数はモジュール内で使える変数であり、そのモジュール内のすべてのプロシージャで共通して使えます。モジュールの冒頭部分（宣言セクション　278ページ参照）で宣言します。

　値の有効範囲は、プロシージャレベル変数はプロシージャ内のみ、モジュールレベル変数はそのモジュール内すべてです。値が保持される期間は、プロシージャレベル変数はそのプロシージャが実行されている間のみです。そのプロシージャが再び実行される際、値は空に戻ります。一方、モジュールレベル変数はプログラムが記述されているブックが開いている間はずっと値が保持されます。

　プロシージャレベルの変数はプロシージャ内だけで有効であるゆえ、異なるプロシージャで同じ名前の変数を宣言して使えます。その際、同じ名前でも別の変数と見なされ、値はそれぞれ別々に保持されます。

（321ページに続く）

さらに知っておきたい VBAの知恵や仕組み

Chapter 09

RangeとCellsはどう使い分ければいい？

基本はRangeで、繰り返しと組み合わせるならCells

本書では、セルのオブジェクトを取得するのにRangeとCellsを用いてきました。ともにValueプロパティでセルの値を操作できるなど使い方は同じです。違いは操作対象のセルを指定する方法です。**Rangeはセル番地を文字列で指定**し、**Cellsは行と列を数値で指定**します。両者はどう使い分ければよいでしょうか？

筆者がオススメする使い分け方は、「**基本的にはRangeをメインに使い、繰り返しと組み合わせる際はCellsを使う**」というものです。Rangeの方が操作対象のセルの指定方法が初心者にとって格段にわかりやすいので、そちらをメインに使います。

そして、Chapter06以降で学んだように、セルを行方向に順に処理するなど、繰り返しと組み合わせる場合はCellsを用います。For...NextステートメントのカウンタState変数をそのままCellsの行に指定するだけでよいので、コードがシンプルになります。

さらに、セルを列方向に順に処理したい場合、Cellsなら列にカウンタ変数を指定するだけです。Rangeだと列をアルファベット順に変化させなければならず、コードはかなり複雑になります。

一方、RangeはCellsにはできないこととして、セル範囲のオブジェクトを取得できます。カッコ内にセル範囲の文字列として、始点セル番地と終点セル番地を「:」で結んで指定します。SUM関数などの引数でもおなじみの形式です。たとえばA1～C4セルなら「Range("A1:C4")」と記述します。Cellsは原則、単一のセルしか取得できません。たとえば、あるセル範囲をコピーしたり、まとめて書式を設定したりしたいなどの場合は、Rangeを用いてセル範囲のオブジェクトを取得すると、効率よいコードが記述できます。

他にもRangeの特殊な使い方として、始点セルと終点セルのオブジェクトを「,」で区切って、「Range(始点セル, 終点セル)」という書式で指定する方法などもあります。

このようにRangeとCellsでは、得意／不得意、できること／できないことが異なりますので、それらを踏まえて使い分けましょう。

RangeとCellsの違いと使い分け

RangeもCellsも厳密には、セルのオブジェクト(Rangeオブジェクト)を取得するためのプロパティです。

Chapter 09

02 セル範囲を取得するベンリな方法

セル範囲を自動で判別して取得できる

セル範囲のオブジェクトを取得する方法は、前節で紹介したRange以外にもいくつかあります。本節では、その代表として**CurrentRegion**プロパティと**UsedRange**プロパティを紹介します。ともに、表のセル範囲を自動で判別してオブジェクトを取得したい場合に便利なプロパティです。Rangeではセル範囲の始点と終点を明確に指定する必要がありますが、CurrentRegionプロパティとUsedRangeプロパティはそれぞれ決められた基準に従ってセル範囲を自動で判別し、そのオブジェクトを取得してくれます。あわせて、SpecialCellsメソッドも紹介します。

●CurrentRegionプロパティ

データが連続して入力されているセル範囲を自動で判別し、そのオブジェクトを取得します。ショートカットキーのCtrl＋Shift＋:キー（Ctrl＋*キー）の機能に該当します（セルを選択した状態で同ショートカットキーを押すと、そのセルを含み、かつ、データが連続して入力されているセル範囲を自動で選択する機能）。

書式は次の通りです。

書式

```
セル.CurrentRegion
```

セルのオブジェクトに続けて、CurrentRegionプロパティを記述します。すると、そのセルを含み、かつ、データが連続して入力されているセル範囲のオブジェクトを取得します。同プロパティの前に指定するセルは、同ショートカットキーで選択するセルに相当します。

たとえば、315ページの図のようにデータが入力されている場合、次のコードを記述すると、A1セルを含み、データが連続して入力されているセル範囲として、A1～B4セルのオブジェクトが得られます。

```
Range("A1").CurrentRegion
```

なお、「データが連続して入力されているセル範囲」とは厳密に言えば、「空の行と列で囲まれたセル範囲」です。たとえば315ページの図のA1～B4セルで、A3セルだけが空でも、空の行と列で囲まれたセル範囲になるので、上記コードで同様にA1～B4セルのオブジェクトが得られます。その点も同ショートカットキーと同じです。

●UsedRangeプロパティ

指定したワークシートで、データが入力されているなど、使用されているセル範囲のオブジェクトを取得します。データは空ですが、書式のみが設定されたセルでも、使用されているセルと見なされます。

書式は次の通りです。ワークシートのオブジェクトに続けて、UsedRangeプロパティを記述します。

書式

```
ワークシート.UsedRange
```

たとえば、315ページの図のようにデータが入力されている場合、次のコードを記述すると、ワークシート「Sheet1」にて、使用されているA1～D5セルのオブジェクトが得られます。

```
Worksheets("Sheet1").UsedRange
```

●SpecialCellsメソッド

特殊なセルを取得するメソッドです。「条件を選択してジャンプ」機能（「選択オプション」画面）に該当します。

「選択オプション」画面

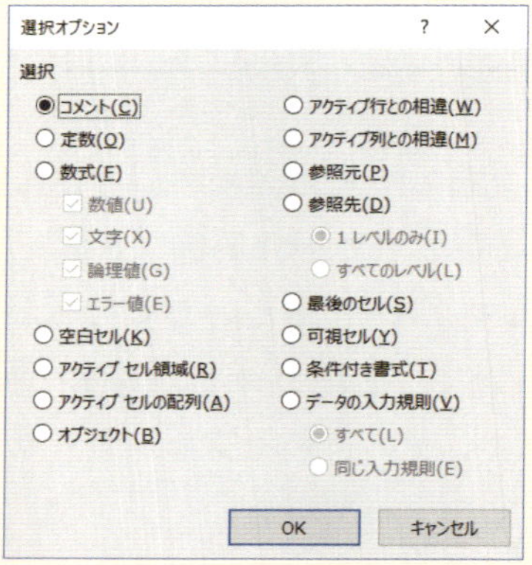

選択オプション ? ×
選択
コメント(C)
定数(O)
数式(F)
数値(U)
文字(X)
論理値(G)
エラー値(E)
空白セル(K)
アクティブ セル領域(R)
アクティブ セルの配列(A)
オブジェクト(B)
アクティブ行との相違(W)
アクティブ列との相違(M)
参照元(P)
参照先(D)
1 レベルのみ(I)
すべてのレベル(L)
最後のセル(S)
可視セル(Y)
条件付き書式(T)
データの入力規則(V)
すべて(L)
同じ入力規則(E)
OK キャンセル

基本的な書式は次の通りです。

書式

```
セル.SpecialCells(Type:=種類)
```

書式の「セル」の部分は実質的に、目的のワークシート上にある任意のセルを指定すればOKです。引数Typeには、取得したいセルの種類の定数を指定します。定数xlCellTypeLastCellを指定すると、データ入力や書式設定などで使用されたセルで、最も右下に位置するセル（以下、「最後のセル」）を取得できます。同定数は「選択オプション」の［最後のセル］に該当します。また、ショートカットキーの Ctrl + End キーの機能に該当します。

たとえば、下図のようにデータが入力されている場合、次のコードを記述すると、最後のセルであるD5セルのオブジェクトが得られます。

```
Range("A1").SpecialCells Type:=xlCellTypeLastCell
```

SpecialCells自体で取得できるのは単一セルです。セル範囲を取得するには、「Range(始点セル, 終点セル)」の終点セルに指定するなど、他と組み合わせて使います。たとえば下図のようにデータが入力されている場合、次のコードを記述したとします。

```
Range(Range("B3"), Range("A1").SpecialCells(Type:=xlCellTypeLas
tCell))  ←実際は1行のコード
```

始点セルはB3セルです。終点セルは「Range("A1").SpecialCells(Type:=xlCellTypeLastCell)」であり（SpecialCellsメソッドは戻り値を使うので、引数をカッコで囲います）、最後のセルであるD5セルになります。よって、B3～D5セルのオブジェクトが得られます。

CurrentRegionとUsedRange、SpecialCellsで得られるセル範囲

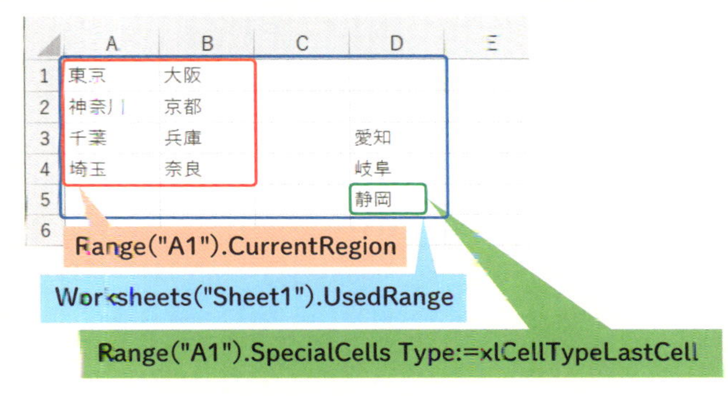

ワークシートは「Sheet1」とする。

Chapter 09

その他の繰り返しのステートメント

異なる2タイプの繰り返し

VBAにはFor...Nextステートメント以外にも、繰り返しのステートメントがいくつか用意されています。本節では、その代表として**Do While...Loop**ステートメントと**Do Until...Loop**ステートメント、**For Each...Next**ステートメントを紹介します。

●Do While...Loopステートメント

指定した条件が成立している間だけ繰り返します。書式は次の通りです。

書式

```
Do While 条件式
  処理
Loop
```

たとえば、次の画面のようにA1～A4セルにデータが入力されているとします。

Do While...Loopステートメントの例に用いるデータ

	A	B
1	東京	
2	神奈川	
3	千葉	
4	埼玉	
5		

A1セルから順に値をメッセージボックスに表示する処理を、Do While...Loopステートメントを使って記述すると次のようになります。

```
Dim i

i = 1
Do While Cells(i, 1).Value <> ""
  MsgBox Cells(i, 1).Value
  i = i + 1
Loop
```

変数iをCellsの行に指定し、行の管理に用いています。最初に1を代入し、繰り返す度に「i = i + 1」によって1ずつ増やしています。そして、条件式は「Cells(i, 1).Value <> ""」です。「i行1列（A列）のセルの値が空ではない」という意味になります。この条件式が成立している間、繰り返し処理が実行されます。iの値が5のとき、A5セルに達して空のセルになるので、条件式は不成立となり、繰り返しが終了します。

●Do Until...Loopステートメント

指定した条件が成立していない間だけ繰り返します。Do While...Loopステートメントは条件が成立している間だけ繰り返すのに対して、Do Until...Loopステートメントは逆に、条件が成立していない間だけ繰り返します。書式は次の通りです。

書式

```
Do Until 条件式
  処理
Loop
```

たとえば、次の画面のようにA1 ～ A4セルにデータが入力されているとします。

Do Until...Loop ステートメントの例に用いるデータ

	A	B
1	東京	
2	神奈川	
3	千葉	
4	埼玉	

A1セルから順に値をメッセージボックスに表示する処理を、Do Until...Loopステートメントを使って記述すると次のようになります。

```
Dim i

i = 1
Do Until Cells(i, 1).Value = ""
  MsgBox Cells(i, 1).Value
  i = i + 1
Loop
```

変数iをCellsの行に指定し、行の管理に用いています。最初に1を代入し、繰り返す度に「i = i + 1」によって1ずつ増やしています。そして、条件式は「Cells(i,1).Value=""」です。「i行1列（A列）のセルの値が空である」という意味になります。この条件式が成立していない間、繰り返し処理が実行されます。iの値が5のとき、A5セルに達して空のセルになるので、条件式が成立し、繰り返しが終了します。

●For Each...Nextステートメント

指定したオブジェクトの“集合”の数だけ繰り返すステートメントです。オブジェクトの“集合”とは、たとえばセル範囲です。セル範囲は単一セルのオブジェクトの“集合”と見なせます。他にもワークシートの集合などがあります。

For Each...Nextステートメントの書式は次の通りです。

書式

```
For Each 変数 In 集合
  処理
Next
```

「集合」に指定したオブジェクトの数だけ繰り返し実行されます。その際、指定した「変数」に、集合の先頭からオブジェクトが自動で順に格納されていきます。その変数を繰り返す処理の中で使用するのがセオリーです。たとえば、次の画面のようにA1～B4セルにデータが入力されているとします。

For Each...Nextステートメントの例に用いるデータ

	A	B
1	東京	大阪
2	神奈川	京都
3	千葉	兵庫
4	埼玉	奈良

このセル範囲について、A1セルから順に値をメッセージボックスに表示する処理を、For Each...Nextステートメントを使って記述すると次のようになります。

```
Dim c

For Each c In Range("A1:B4")
  MsgBox c.Value
Next
```

変数名は何でもよいのですが、ここでは「c」を用いています。「集合」には、A1～B4セルのオブジェクトである「Range("A1:B4")」を指定しています。言い換えると、A1からB4までの8つのセルの集合になります。実行すると、図のように、繰り返しの度にA1セルから順に変数cに格納されていきます。そして、「c.Value」と記述することで、そのセルの値を取得し、メッセージボックスに表示しています。

For Each…Nextステートメントの例の仕組み

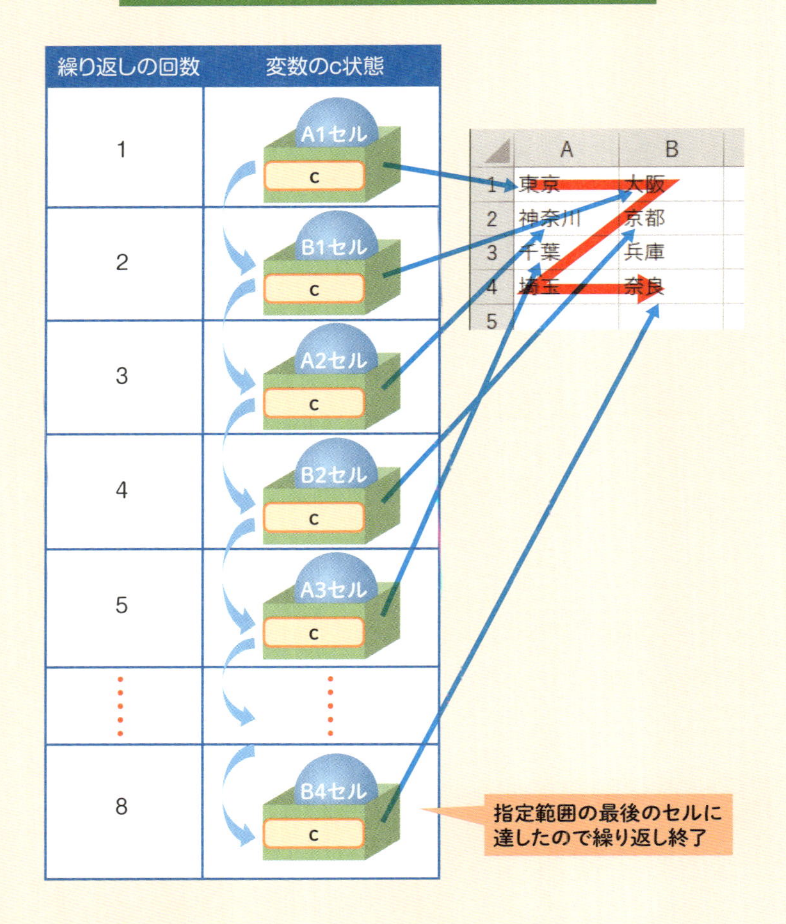

各繰り返しのステートメントの使い分け方

For...Nextステートメントは基本的に、繰り返したい回数が明確にわかっている場合に用います。また、前章までに登場したように、セルを行方向に順に処理したい場合で、開始の行番号と終了の行番号がわかっている場合にも用います。

それに対してDo While...LoopステートメントとDo Until...Loop、For Each…Nextの各ステートメントは、繰り返した回数が明確にわかっていない場合に用います。Do系のステートメントは条件によって、For Each...Nextステートメントは集合によって、どれだけ繰り返したいかを制御したい場合に用います。

プロシージャレベルとモジュールレベルの変数と定数　その2

定数も同様に、定義する場所によって、プロシージャレベルとモジュールレベルに分かれます。値の有効範囲、名前のルールは変数と同じです。

本書でこれまで使ってきた変数と定数はすべてプロシージャレベルです。もし、複数のプロシージャを用いるプログラムで、各プロシージャで共通して使いたい変数や定数が必要になったら、モジュールレベルの変数や定数を利用しましょう。なお、1つのプロシージャでしか使わない変数や定数なのに、むやみにモジュールレベルの変数や定数を使うと、思わぬ不具合の原因になりかねないので注意してください。

また、複数のモジュールで共通して使える**パブリック**というレベルもあります。パブリックレベルは変数ならDimの代わりにPublicステートメントで宣言します。定数ならConstの前にキーワードPublicを付けて定義します。

Chapter 09

うまく動かない原因は「デバッグ」機能で探そう

処理手順の誤りを見つけるのはスゴク難しい

本書サンプル「予約管理」のように、分岐や繰り返しや変数がいくつか組み合わされたプログラムになると、どのように分岐や繰り返しが行われているのか、おのおのの変数の値がどのように変化しているのか、わかりづらいものです。ある程度以上複雑なプログラムとなると、もし意図通り動作しない場合、初心者がその原因を見つけるのは、段階的に作り上げていくノウハウを用いたとしても、ただコードを眺めるだけではまず無理でしょう。

コンパイルエラーや実行時エラーといったVBAの文法・ルールに反した場合、そもそもプログラムを実行できない、または実行の途中で止まり、コードの該当箇所をVBEが示してくれるので、原因はすぐにわかります。しかし、意図通り動作しない場合では、文法・ルールは正しいのでプログラムは最後まで実行されるものの、処理手順が誤っているため、意図通りの実行結果が得られません。その原因をVBEが示してくれるわけではないので、プログラマーが自分で探して見つける必要があります。そういった原因を見つけるのは、実は初心者ではなくても非常に困難なのです。

なお、意図通りの結果が得られないことは、専門用語で**論理エラー**と呼ばれます。プログラムの処理手順の誤りによるエラーになります。

2つの切り口で処理手順をチェック

そこでぜひ利用したいのが、VBEに搭載されている**デバッグ**用の機能です。デバッグとはプログラムの誤りを見つけて修正する行為全般を意味する用語です。VBEには、論理エラー（プログラムの処理手順の誤り）のデバッグを効率よく行うための機能がいくつか用意されています。本節では、その概要を簡単に紹介します。いずれもプログラムの処理手順の誤りを見つけるのに、大きな手助けとなる機能です。

各機能の紹介の前に、まずはデバッグを行うための大きな考え方から解説します。プログラムの処理手順の誤りを見つけるには、基本的に以下の2つの切り口でチェックします。VBEのデバッグ機能は何種類かありますが、ほとんどが以下の2つの切り口でプログラムをチェックするための機能になります。

【切り口1】 処理の流れが意図通りかチェックする
【切り口2】 変数などの値が意図通りかチェックする

では、VBEのデバッグ機能を紹介します。何種類かあるデバッグ機能の中で、「少なくともこの機能さえ使えればOK」というメインの4種類について、基本的な使い方を解説します。

【切り口1】の機能
「ブレークポイント」と「ステップイン」
【切り口2】の機能
「ポップアップ」と「ウォッチウィンドウ」

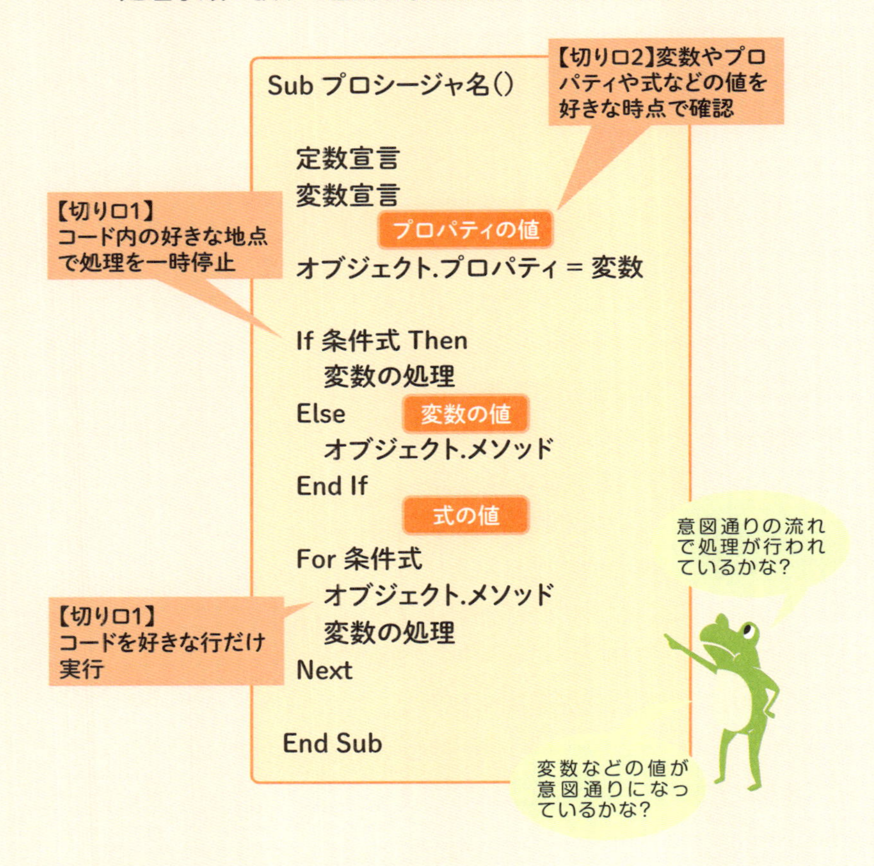

各機能の解説の前に「デバッグ」ツールバーを表示しておきましょう。ステップイン機能は主に、「デバッグ」ツールバーから利用します。同ツールバーを表示するには、VBEのメニューバーの［表示］→［ツールバー］→［デバッグ］をクリックします。

処理の流れをチェックするには

1つ目の切り口「処理の流れが意図通りかチェックする」は基本的に、プログラムの実行を指定したコードで中断して一時停止させた後、1行ずつ実行することによって行います。一時停止させる機能は**ブレークポイント**と呼ばれます。

コードウィンドウ左側の柱のような部分（専門用語で「**余白インジケータ**」と呼ばれます）をクリックすると、赤い○が表示されます。この○がブレークポイントであり、プログラムを実行するとこの部分で一時停止します。一時停止中に余白インジケータに表示される黄色の矢印は、「この手前まで処理が終わり一時停止している」という状態を表します。言い換えると、「今からこのコードを実行する」という意味です。

コードを1行ずつ実行する機能は**ステップイン**です。「デバッグ」ツールバーの［ステップイン］ボタンをクリックすると、コードが1行実行した後、再び一時停止します。余白インジケータ上の黄色の矢印もそれに応じて進みます。

たとえば次の画面では、本書サンプルにて、コピーしたひな形のワークシート名を目的の店舗名に設定するコード「Worksheets(WS_RSVF_NO).Name = branch」にブレークポイントを設定した状態です。プログラムを実行すると、このコードの手前まで処理が実行された状態で一時停止します。ひな形のワークシートがコピーされただけなので、名前は「予約表ひな形（2）」のままの状態です。

ひな形がコピーされた後で一時停止した状態

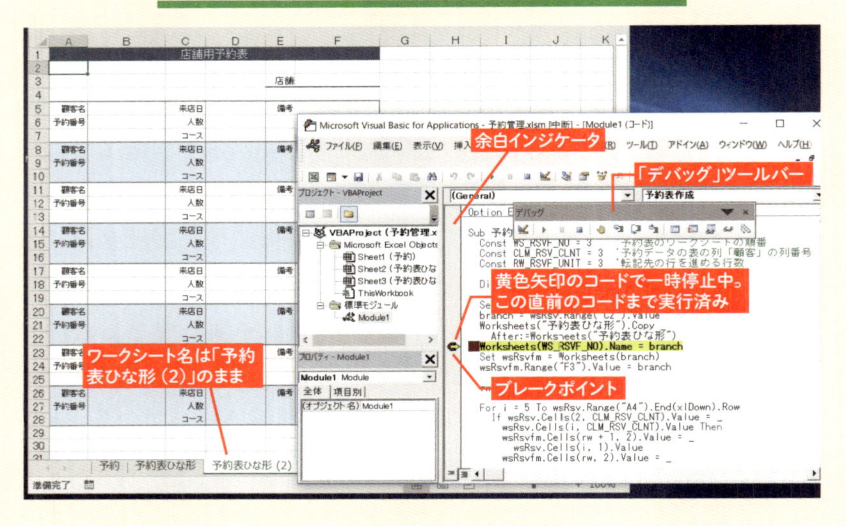

ここで、「デバッグ」ツールバーの［ステップイン］をクリックします。すると、コード「Worksheets(WS_RSVF_NO).Name = branch」が実行され、再び一時停止します。そして、そのコードを実行した結果として、ワークシート名が「渋谷」に設定されることが確認できます。

［ステップイン］でコードを1行のみ実行

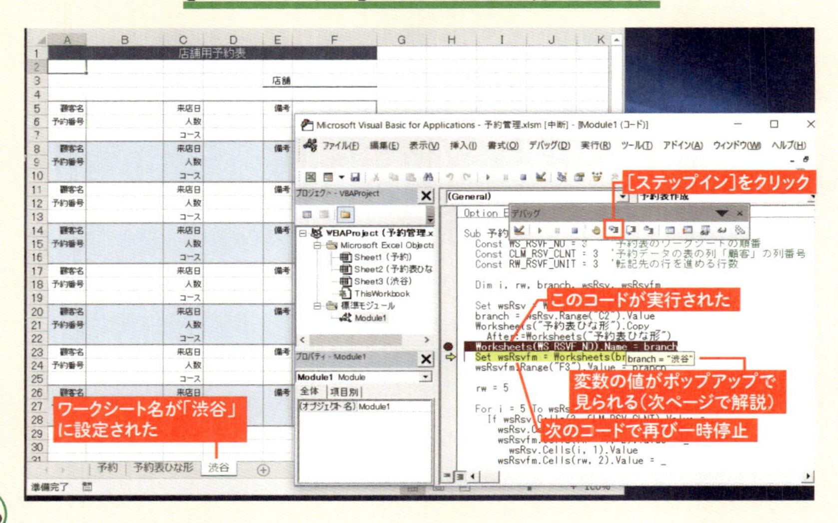

このようにブレークポイントとステップインを使えば、ワークシート上で実行結果を確かめつつ、コードを1行ずつ実行できます。そのため、順次はもちろん、分岐や繰り返しの処理が意図通り行われているかもあわせ、処理の流れをチェックできます。

 変数などの値をチェックするには

次に2つ目の切り口「変数などの値が意図通りかチェックする」の方法を紹介します。変数に加え、各種プロパティ、さらには各種演算子による式などの値もチェックの対象です。

具体的な方法はいくつかありますが、もっとも手軽なのが、一時停止状態にて、コードウィンドウ上にて目的の変数などにマウスポインターを重ねることです。すると、その変数などの値がポップアップ（ツールチップ）で表示されます。たとえば326ページ下の画面では、変数branchにマウスポインターを重ねており、その値がポップアップで表示され確認できます。

変数などの値は**ウォッチウィンドウ**機能でもチェックできます。ポップアップは手軽な反面、1つの変数しか値を見られなかったり、セルのValueプロパティなど値を見られないものが一部あったりします。ウォッチウィンドウを使えば、329ページの画面のように、コードウィンドウの下に表の形式で、登録した変数やプロパティなどの値を表示できます。

登録するには、目的の変数などをコードウィンドウ上で選択し、右クリック→［ウォッチ式の追加］をクリックします。「ウォッチ式の追加」画面が表示されるので、そのまま［OK］をクリックします。これで登録されて、ウォッチウィンドウが自動で表示されます。そして、ステップインで実行していくと、ウォッチウィンドウで値の変化を追っていくことができます。

ウォッチウィンドウに変数などを登録

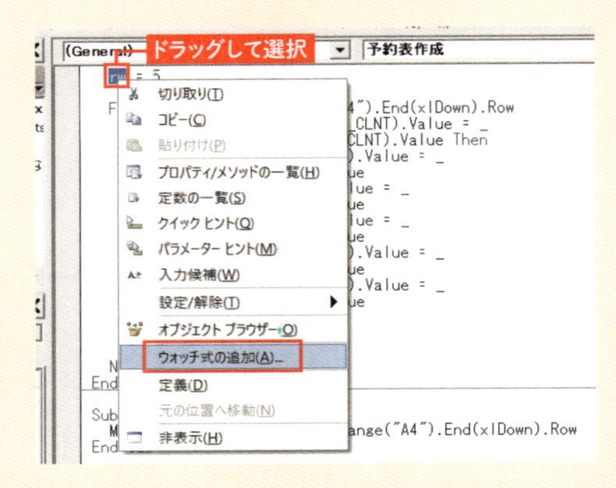

目的の変数などをドラッグして選択し、右クリック→［ウォッチ式の追加］

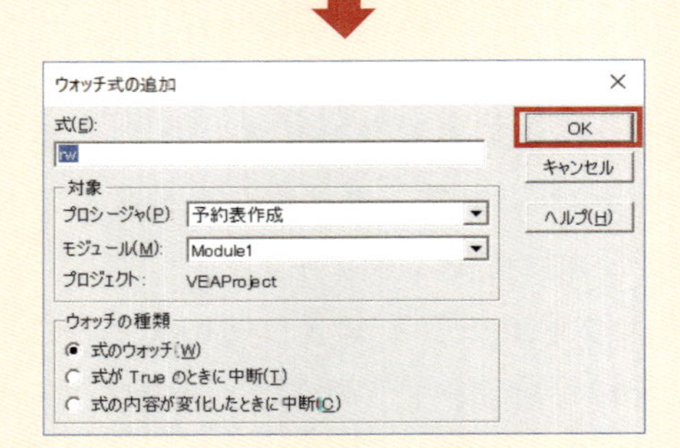

「ウォッチ式の追加」画面が表示されるので、そのまま［OK］をクリック

これで登録され、ウォッチウィンドウが自動で表示される

たとえば次の画面のように、予約データを順に転記していく処理にて、変数i、変数rw、各セルのValueプロパティなどの値をウォッチウィンドウに登録して値を表示し、ステップインで実行していけば、値の変化は一目瞭然です。その値はあくまでも、余白インジケータ上の黄色矢印の手前までプログラムが実行された時点での値になります。

変数iなどの値の変化をウォッチウィンドウで確認

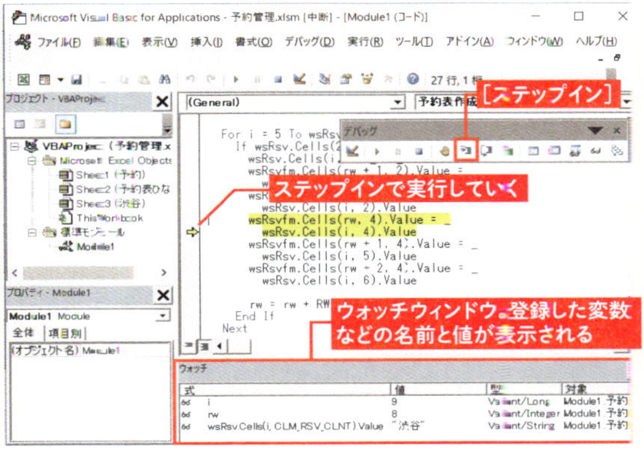

このようにポップアップまたはウォッチウィンドウを使えば、変数やプロパティの値の変化をチェックできます。

以上の方法を用いて、処理の流れと変数などの値をチェックし、プログラムの処理手順の誤りを見つけます。見つけたら、誤りの内容に応じて、どうすれば誤りを解消できるか自分で考え、コードを修正します。もっとも、誤りを見つけても、一発で正しく修正できないケースの方が多いのが現実です。その場合、修正した内容のどこがどう誤っているのか、再びデバッグ機能で探り、再び修正します。そういったPDCAサイクル（Chapter03-03　48ページ参照）を、デバッグ機能を活用して効率よく回しつつ、処理手順の誤りを解消していきます。

本節ではデバッグ機能の概略を簡単に紹介しただけなので、具体的にどう使えばよいのかはあまりわからないでしょう。詳細は本書のシリーズ『デバッグ力でスキルアップ！　Excel VBAのプログラミングのツボとコツがゼッタイにわかる本』で解説しているので、そちらを参照いただければ幸いです。

何度も登場する複数の命令文をまとめるには

Chapter08-02では重複するコードをまとめましたが、プログラムによっては、オブジェクトや数値のみに留まらず、複数の同じ命令文が何度も登場するケースもよくあります。そういった複数の同じ命令文をまとめる方法は基本的に次のとおりです。まずは、まとめ用のSubプロシージャを別途用意し、複数の同じ命令文を切り出してそちらに移動します。そして、もともと同じ命令文があった箇所では、まとめ用のSubプロシージャを呼び出して実行するかたちにします。呼び出すにはCallステートメントを用います。

書式

```
Call プロシージャ名
```

これで、何度も登場する複数の命令文を、まとめ用のSubプロシージャ1つにまとめることができます。コードがスッキリ見やすくなると同時に、機能の追加・変更により対応しやすくなります。

また、Subプロシージャは引数を設けることもできます。メソッドの引数と同じく、動作を細かく制御できます。引数を設けるには、プロシージャ名の後のカッコ内に引数名を指定します。引数名は変数名と同じく任意に決められます。その引数名をプロシージャ内に記述して処理に利用します。引数が複数あるなら「,」で区切って並べます。変数と同様にデータ型も指定できます。

加えて、Functionプロシージャ（185ページ）でも、複数の同じ命令文をまとめることができます。Subプロシージャと同じくCallステートメントで呼び出します。実行結果を戻り値として以降の処理に用いたいなら、Functionプロシージャを使って複数の同じ命令文をまとめましょう。

おわりに

いかがでしたか？　サンプル「予約管理」のプログラムの作成を通じて、Excel VBAの実践的なプログラミングは身につけられたでしょうか？　フクザツな機能のマクロを作るためのツボとコツは一通りご理解いただけたでしょうか？

あとは「さらなる実践あるのみ！」です。自分の仕事で自動化したいExcelの作業について、本書で体験したように、まずは各切り口に応じて段階分けし、プログラムを段階的に作り上げていく経験をたくさん積みましょう。そのなかで、論理エラーとなってしまい、原因となる箇所を発見して修正する作業を何度か繰り返すことになるでしょう。論理エラーは中級者以上でも何度も遭遇するものなので、メゲることなく、PDCAサイクルをどんどん回してください。そのような経験を重ねることで、実践力が着実に伸びていきます。

また、並行して、オブジェクト/プロパティ /メソッドをはじめとする知識も、他の本やWebサイトなどで広げていくとよいでしょう。その際、無理に暗記する必要はありません。むしろ、段階的に作り上げていくノウハウに基づき、PDCAサイクルを回す経験を重ねることに力点を置いてください。

読者のみなさんのExcel VBAの実践力アップや仕事の効率化に、本書が少しでもお役に立てれば幸いです。

立山秀利

索引

記号

【A】

【C】

【D】

【E】

【F】

【I】

【L】

【M】

【N】

【O】

【P】

【R】

【S】

【T】

【U】

【V】

【W】

【X】

【あ行】

【か行】

【さ行】

【た行】

【は行】

【ま行】 ....

【や行】

【ら行】

【わ行】

著者略歴

立山　秀利（たてやま　ひでとし）

フリーライター。1970年生まれ。
Microsoft MVP（Most Valuable Professional）アワード Excel カテゴリを 2015 年から連続受賞。
筑波大学卒業後、株式会社デンソーでカーナビゲーションのソフトウェア開発に携わる。
退社後、Web プロデュース業を経て、フリーライターとして独立。現在はシステムやネットワーク、Microsoft Office を中心に PC 誌等で執筆中。著書に『Excel VBA のプログラミングのツボとコツがゼッタイにわかる本』『図解！ Excel VBA のツボとコツがゼッタイにわかる本 “超”入門編』『VLOOKUP 関数のツボとコツがゼッタイにわかる本』（秀和システム）、『入門者の Excel VBA』『実例で学ぶ Excel VBA』『入門者の JavaScript』（いずれも講談社）、Excel や Access 関連の下記書籍（いずれも秀和システム）がある。

Excel VBA セミナーも開催している。
セミナー情報 http://tatehide.com/seminar.html

・Excel 関連書籍

『Excel VBA で Access を操作するツボとコツがゼッタイにわかる本』
『Excel VBA のプログラミングのツボとコツがゼッタイにわかる本』
『続 Excel VBA のプログラミングのツボとコツがゼッタイにわかる本』
『続々 Excel VBA のプログラミングのツボとコツがゼッタイにわかる本』
『Excel 関数の使い方のツボとコツがゼッタイにわかる本』
『デバッグ力でスキルアップ！ Excel VBA のプログラミングのツボとコツがゼッタイにわかる本』
『VLOOKUP 関数のツボとコツがゼッタイにわかる本』
『図解！ Excel VBA のツボとコツがゼッタイにわかる本 “超”入門編』

・Access 関連書籍

『Access のデータベースのツボとコツがゼッタイにわかる本 2013/2010 対応』
『Access マクロ &VBA のプログラミングのツボとコツがゼッタイにわかる本』

カバーイラスト　mammoth.

図解！
Excel VBAのツボとコツが
ゼッタイにわかる本
プログラミング実践編

発行日　2018年 11月 1日　第1版第1刷
2020年 3月 10日　第1版第2刷

著　者　立山　秀利

発行者　斉藤　和邦
発行所　株式会社　秀和システム
〒135-0016
東京都江東区東陽2-4-2　新宮ビル2F
Tel 03-6264-3105（販売）　Fax 03-6264-3094
印刷所　三松堂印刷株式会社

ISBN978-4-7980-5371-4 C3055